MUCAI ZHENKONG RECHULI GUOCHENGZHONG
CHUANRE CHUANZHI GUILÜ JI YANSE KONGZHI

木材真空热处理过程中传热传质规律及颜色控制

杨 燕 吕建雄 李 斌 著

化学工业出版社
·北 京·

全书共分8章，以云南省常见商品材西南桦（*Betula alnoides*）木材为研究对象，构建了真空热处理过程中西南桦木材传热传质数学模型，系统研究了真空高温热处理过程中木材的传热传质行为；成功获取了真空热处理过程中西南桦木材各化学指标值与热处理温度和时间的二元回归方程，实现了对热处理木材化学成分变化的控制；成功获取了真空热处理过程中西南桦木材各颜色指标值与热处理温度和时间的二元回归方程，实现了对热处理木材颜色变化的控制；揭示了真空高温热处理条件下木材颜色变化机理，为优化高温热处理工艺和提升高温热处理木材品质提供科学指导，具有重要的理论价值和现实意义。

本书兼具理论性、指导性和实践性，可供相关科研单位、企业和高等院校从事木材科学与加工技术的科技工作者、教师及学生参考。

图书在版编目（CIP）数据

木材真空热处理过程中传热传质规律及颜色控制/杨燕，吕建雄，李斌著.—北京：化学工业出版社，2020.6

ISBN 978-7-122-36511-8

Ⅰ.①木…　Ⅱ.①杨…②吕…③李…　Ⅲ.①木材-真空热处理-传热传质学-研究②木材-真空热处理-材色-研究　Ⅳ.①S781.37

中国版本图书馆CIP数据核字（2020）第055744号

责任编辑：邢　涛　　文字编辑：林　丹
责任校对：边　涛　　装帧设计：韩　飞

出版发行：化学工业出版社（北京市东城区青年湖南街13号　邮政编码100011）
印　　装：北京盛通商印快线网络科技有限公司
710mm×1000mm　1/16　印张10¼　字数160千字　2020年7月北京第1版第1次印刷

购书咨询：010-64518888　　售后服务：010-64518899
网　　址：http://www.cip.com.cn
凡购买本书，如有缺损质量问题，本社销售中心负责调换。

定　　价：88.00元

前　言

高温热处理过程中木材颜色会发生一定的变化，从浅色逐步变为浅褐色、深褐色甚至黑色，这一处理手段为美化木材表面颜色提出了一种新的思路。然而，如何控制高温热处理材颜色变化是国内外学者所面临的一大难题。因此，系统研究高温热处理过程中木材的传热传质行为，揭示木材化学成分和颜色变化规律，进而实现对木材颜色的控制，为优化高温热处理工艺和提升高温热处理木材品质提供科学指导，具有重要的理论价值和现实意义。

本书以云南省常见商品材西南桦（*Betula alnoides*）木材为研究对象，构建了真空热处理过程中西南桦木材传热传质数学模型；在不同的热处理温度（160～200℃）、不同的热处理时间（0～4h）、绝对压力为0.02MPa的工艺条件下，获取了真空热处理过程中西南桦木材综纤维素含量差（ΔHo）、纤维素含量差（ΔCe）、半纤维素含量差（ΔHe）和木质素含量差（ΔLi）等与热处理温度（t）和时间（τ）的二元回归方程；将传热传质数学模型和化学成分变化二元回归方程联合，实现了对热处理木材化学成分变化的控制；获取了真空热处理过程中西南桦木材明度差（ΔL^*）、总体色差（ΔE^*）以及色饱和度差（ΔC^*）等与t和τ的二元回归方程；将传热传质数学模型和颜色变化二元回归方程联合，实现了对热处理木材颜色变化的控制；在此基础上，进一步分析了木材颜色变化与各化学成分变化的关系，并采用紫外光谱（UV）、红外光谱（FTIR）、X射线光电子能谱（XPS）等先进仪器揭示了真空高温热处理条件下木材颜色的变化机理。

本书的主要结论如下：

① 构建了真空高温热处理过程中西南桦木材传热传质的数学模

型，比较了数学模型值和试验值计算的木材温度和含水率，模型值和试验值之间的决定系数（R^2）在0.98以上，且回归关系均为极显著。该数学模型没有考虑自由水的迁移，仅适用于初始含水率在纤维饱和点（FSP）以下的木材。

② 系统分析了热处理温度、初始含水率、厚度、辐射换热系数（h_R）、换质系数（h_m）等对真空高温热处理过程中西南桦木材传热传质数学模型的影响规律。热处理温度越高，木材升温速度越快，含水率降得越快。初始含水率对含水分材的温度影响较小，但绝干材的温度上升较含水分材温度的上升要明显快得多，初始含水率越高，含水率降得越慢。木材厚度越薄，木材升温速度越快，含水率降得越快。h_R和h_m对木材温度的上升影响均不明显，但对含水率的降低均有较大的影响，h_R和h_m越大，木材含水率降得越快。

③ 随着处理温度升高和处理时间延长，西南桦木材的综纤维素、纤维素、半纤维素、冷水和热水抽提物含量降低，而木质素和苯-醇抽提物含量则增加。建立的ΔHo、ΔCe、ΔHe和ΔLi与t和τ的二元回归方程的R^2均高于0.86，且回归关系均为极显著。

④ 通过联合求解传热传质数学模型和化学成分变化回归方程，获得了木材化学成分变化控制模型，并将模型与试验值的吻合效果进行了对比，木材ΔHo、ΔCe、ΔHe和ΔLi与试验值的吻合效果均较好，模型值和试验值之间的R^2在0.97以上，其中，ΔHo和ΔLi的回归关系均为极显著，ΔCe和ΔHe的回归关系均为显著。

⑤ 随着处理温度升高和处理时间延长，西南桦木材的明度（L^*）降低，红绿轴色品指数（a^*）变化规律不明显，黄蓝轴色品指数（b^*）先降低而后增加，ΔL^*减小，ΔE^*增加，ΔC^*呈现出增大趋势，色相差（ΔH^*）和光泽度（A_g^*）变化规律不明显。建立的西南桦热处理材L^*、ΔL^*、ΔE^*、ΔC^*分别关于t和τ的二元回归方程的R^2均高于0.78，且回归关系均为极显著。

⑥ 通过联合求解传热传质数学模型和颜色变化回归方程，获得了木材颜色变化控制模型，并将模型与试验值的吻合效果进行了对比，木

材 ΔL^*、ΔE^* 和 ΔC^* 与试验值的吻合效果均较好，模型值和试验值之间的 R^2 在 0.93 以上，且回归关系均为极显著。

⑦ 建立了木材颜色变化指标和化学成分变化指标的回归方程，试验得到的西南桦热处理材 ΔL^*、ΔE^*、ΔC^* 与 ΔHo、ΔCe、ΔHe 和 ΔLi 的回归方程的 R^2 均在 0.88 以上，且回归关系均为极显著。

⑧ 抽提物的显色反应、UV、FTIR、XPS 分析均表明在热处理过程中半纤维素含量降低以及木质素相对含量增加，半纤维素含量的降低说明有一些诸如糠醛、甲基糠醛的芳香结构的有颜色物质形成，从而使得木材颜色加深。

本书得到美国北德克萨斯大学蔡力平教授、西南林业大学邱坚教授和陈太安教授、南京林业大学詹天翼副教授、中国林业科学研究院江京辉和蒋佳荔副研究员的指导，在此表示特别感谢！

本书承蒙国家“十二五”科技支撑计划“林木深加工关键技术研究与示范”项目——“家装材与室外材增值制造技术研究与示范（2012BAD24B02）”课题的资助，特此感谢！

杨　燕

2020 年 1 月

目　录

第1章
绪 论

1.1 研究背景

本研究选用的研究对象为云南省常用商品材——西南桦（*Betula alnoides*）木材。西南桦俗名为蒙自桦树、化桃木、广西桦、桦木、西桦等，该木材为乔木，高可达20m，树皮青褐色或红褐色。西南桦是我国热带、南亚热带地区以及部分中亚热带地区的速生树种，原产于喜马拉雅山脉，我国贵州、四川海拔1700～2100m以及云南1400～1500m处均有分布；在云南主要分布于南部的思茅、红河、临沧、德宏、文山等地的高黎贡山南段、无量山、哀牢山及其间的澜沧江、元江流域。西南桦具有适应性强、速生、材质优良等特性，尤其较耐旱瘠，能改良土壤，适合滇中高原、南岭山地以南广大热带、南亚热带地区栽培，可广泛应用于退化地或退化林分改造、生态公益林营造以及珍贵用材林基地建设等（成俊卿，等，1992；聂梅凤，2011）。

云南省德宏地区自20世纪80年代开始西南桦人工栽培的研究，取得了良好的效果。结果表明，只要合理控制林分密度，就能很好地维护森林生物多样性，水土保持功能也能很好地发挥，能很好地兼顾到社会和生态效益。德宏已成功种植西南桦88.65万亩，是全国种植西南桦人工林面积最大的地区（聂梅凤，2011）。

西南桦木材的纹理直，结构细且均匀，重量、硬度、强度及冲击韧性中等；干燥容易，但干燥过快易翘曲变形，不耐腐，抗蚁性弱，但防腐处理容易；结构细致、纹理均匀，易加工，适于制作飞机及船舶用高强度胶合板；板材可制作家具等（成俊卿，等，1992）。虽然西南桦具有良好的物理力学性质和机械加工性能，是优良的装饰和家具用材，但同样存在材色不均及颜色品质低等缺点，从而使其应用受到一定的限制。

众所周知，木材颜色是决定消费者印象的重要因素之一，是木材表面视觉物理量的一个重要特征，当前已经成为消费者选择木制品的主要因素之一。因此，对木材颜色的调控也越来越受到人们的重视。木材颜色调控技术可采用物理的（如高温热处理）、化学的（如染色）手段对木材进行处理，以使木材表面或内部达到人们所期望的色彩。通过颜色调控可使木材产品外表色彩优美、纹理清晰悦目，这不仅能满足人们对色彩多样性的要求，还能将低质木材仿制出名贵木材，大幅度提高木材产品的附加值。特别是在当今天然大径级优质家具用材和高档装饰用材日益稀缺的情况下，木材颜色调控技术越来越受到人们的重视（段新芳，2002）。高温热处理是木材颜色调控技术的主要物理手段，经高温热处理，木材颜色会发生变化，从浅色调逐步变为深色调，这一处理手段为美化木材表面颜色提出一种新的思路（江京辉，等，2012）。热处理木材以其优异的尺寸稳定性和耐久性等特点迅速成为目前木制品消费市场上的高端产品，其整个工艺过程因不添加任何有毒化学物质、具有的突出环保优势，正符合当下绿色环保的时代需求。但高温热处理木材的力学强度损失以及颜色变化的可控性是目前国内外学者所面临的两大难题，也是企业界迫切需要解决的问题。因此，本研究主要从木材颜色变化的可控性方面展开相关研究，以解决高温热处理木材颜色控制难的问题。

1.2 高温热处理国内外研究现状及评述

1.2.1 高温热处理工艺研究的国内外研究现状

根据加热介质的不同，目前热处理工艺主要分为以下几种。

(1) 芬兰的 Thermowood 热处理工艺（Militz，2002）

该处理工艺的热处理介质为水蒸气，该过程中氧气（O_2）含量控制在3%～5%，温度在150～240℃之间，处理时间为0.5～4h。整个处理工艺过程分三个步骤：

第一个阶段为温度上升阶段，最初先加热到100℃，如果需要，可以在100～150℃的温度下进行干燥，让木材含水率降至0%；

第二个阶段为热处理阶段，热处理温度为 150～240℃，热处理时间为 0.5～4h；

第三个阶段为降温阶段和平衡阶段，对热处理后的木材进行降温和平衡，时间大概为 24h。

(2) 荷兰的 Plato 热处理工艺（Ruyter，1989；Boonstra，et al.，1998；Militz，2002）

荷兰 Plato 热处理工艺的热处理介质为水蒸气，整个处理工艺过程分四个阶段：

第一个阶段为水热解阶段，生材或绝干材在饱和蒸气压的条件下，在热处理温度为 160～190℃下进行处理，处理 4～5h；

第二个阶段为干燥阶段，采用传统干燥工艺，对木材进行 3～5d 时间的干燥，干燥至木材含水率大约 10%；

第三个阶段为热处理阶段，热处理温度为 170～190℃，热处理时间为 4～5h；

第四个阶段为平衡阶段，把热处理后的木材放在大气环境中平衡，固化 14～16h，陈放 2～3d。

(3) 法国的 Rectification 热处理工艺（Militz，2002）

法国 Rectification 热处理工艺是由 Ecole des Mines de Saint Etienne 开发的，经营许可证和专利是由 New Option Wood（NOW）公司获得的。该工艺的热处理介质为氮气（N_2），O_2 的含量不超过 2%，热处理温度范围在 210～240℃，要求热处理前木材的含水率在 12%左右。

(4) 法国的 Le Bois Perdure 热处理工艺（Militz，2002）

法国 Le Bois Perdure 热处理工艺是由 BCI-MBS 公司开发的，该工艺要求热处理前的木材不能是绝干材，而是要求较高的含水率，可以是生材。此工艺分两个步骤：

第一个阶段，先对木材进行干燥；

第二个阶段，在水蒸气为加热介质的条件下对木材进行加热，此水蒸气通常来源于木材蒸发出来的水分，热处理温度范围在 200～240℃。

(5) 德国的 Oil-Heat Treatment（OHT）热处理工艺（Militz，2002）

德国 Oil-Heat Treatment（OHT）热处理工艺的热处理介质为导热油，油可采用菜籽油、亚麻籽油或葵花籽油、大豆油等，处理容器密封；220℃热处理温度条件下可以得到最大的耐久性和最小的油耗量，180～220℃热处理温度条件下可以得到最大的耐久性和最小的力学强度损失。但采用此工艺处理最大的缺点就是处理后木材质量会增加，且木材的油烟味较重，难以除去。

1.2.2 高温热处理木材颜色变化规律的国内外研究现状

采用高温热处理方法实现对木材颜色调控的探究是近十年来国内外木材学科领域的研究热点，国内外诸多学者对其颜色的变化规律做过大量研究。

曹永建（2008）采用175℃、200℃的热处理温度，0h、1h、3h、10h的热处理时间对杉木（*Cunninghamia lanceolata*）心、边材和毛白杨（*Populus tomentosa*）在蒸汽介质下进行热处理，随着处理时间的延长和处理温度的升高，色差变得越来越大，在视觉上，木材的颜色越来越暗，由浅褐色变为深褐色；两种木材在170℃～185℃范围内，随着处理时间的延长及温度的上升，总体色差（ΔE^*）的变化均较为平缓，当温度超过185℃以后，随着处理时间的延长及温度的上升，ΔE^*的变化速率均有了不同程度的增加。根据最小二乘法原理，采用多元回归分析方法，得到杉木边材、心材以及杨木总体色差ΔE^*与处理温度（t）和处理时间（τ）的数学回归模型，分别为：$\Delta E^*=0.218t+6.491\tau-38.779$（$R^2=0.947$），$\Delta E^*=0.255t+9.145\tau-43.091$（$R^2=0.930$），$\Delta E^*=0.226t+10.310\tau-34.749$（$R^2=0.960$）。

刘星雨（2010）采用180℃、200℃、220℃、230℃的热处理温度，1h、2h、3h的热处理时间对樟子松（*Pinus sylvestnis* var. *mongolica*）、落叶松（*Larix gmelinii*）、扭叶松（*Pinus contorta*）进行热处理，采用180℃、190℃、200℃、210℃、220℃、230℃的热处理温度，4h的热处理时间对马尾松（*Pinus massoniana*）进行热处理，热处理后木材的颜色变得有光泽，呈现褐色或深褐色，并且木材内外颜色基本均匀一致，ΔE^*随着热处理温度的提高和处理时间的延长逐渐增大。根据最小二乘法原理，采用多元回归分析方法，可得到樟子松、落叶松、扭叶松、马尾松ΔE^*与t和τ的数学回归模型，分别为：$\Delta E^*=7.815t+5.628\tau-10.103$（$R^2=0.87$），$\Delta E^*=5.314t+5.156\tau-8.521$（$R^2=0.61$），$\Delta E^*=5.898t+5.603\tau-6.555$（$R^2=0.568$），$\Delta E^*=4.119t+3.146\tau-13.777$（$R^2=0.568$）。

史蔷（2011）采用160℃、180℃、200℃、220℃的热处理温度，2h、4h、

6h、8h 的热处理时间对圆盘豆（*Cylicodiscus*sp.）的心材和边材进行热处理，随着热处理温度的升高和热处理时间的延长，木材明度值（L^*）降低，红绿色品指数值（a^*）先升后降，黄蓝色品指数值（b^*）减小，ΔE^* 增加，木材颜色变化越来越大；圆盘豆心材的颜色由金黄色向黄褐色至棕褐色乃至黑色变化，边材由浅粉色至浅咖啡色至深咖啡色乃至黑色变化，但热处理材颜色仍然具有光泽，并且整体颜色更加均匀一致，通体一色。

江京辉（2013）采用 160℃、180℃、200℃、220℃ 的热处理温度，2h、4h 的热处理时间，2%、4%、6%、8%、10% 的氧气（O_2）浓度含量，0.1MPa、0.2MPa 和 0.4MPa 的压力对柞木（*Quercus mongolica*）在过热蒸汽介质下进行热处理，随着热处理温度的升高、热处理时间的延长以及压力的增加，木材的 L^*、b^* 呈下降趋势，而 ΔE^* 则逐步增大，木材颜色变化越来越大。在 O_2 浓度为 6%而其他处理条件相同时，热处理材颜色变化最大。

Bekhta et al.（2003）采用 200℃的热处理温度，2h、4h、8h、10h、24h 的热处理时间，在相对湿度分别为 50%、65%、80%、95%、100%的条件下对挪威云杉（*Picea abies*）进行处理，热处理后木材 L^* 随着热处理时间的增加、相对湿度的增大而降低，a^* 和 b^* 开始稍微地增大，达到一个最大值，随后就减小，ΔE^* 则增大。

Johansson et al.（2006）采用 175℃、200℃的热处理温度，0h、1h、3h、10h 的热处理时间对白桦（*Betula platyphylla*）进行热处理，L^* 值随热处理强度的增大而明显地线性降低，a^* 值随热处理强度增大而缓慢增大，没有太大变化。

Brischke et al.（2007）采用 220℃的热处理温度，不同水平的热处理时间对挪威云杉、欧洲山毛榉（*Fagus sylvatica*）、苏格兰松（*Pinus sylvestris*）心材和边材进行高温热处理，随着热处理强度的增加，L^* 降低，a^* 和 b^* 开始增加，随后就减小；挪威云杉和欧洲山毛榉以及苏格兰松心材的 L^*+b^* 与失重率线性相关性非常好，苏格兰松心材 L^*+b^* 与质量损失线性相关性稍差。

Esteves et al.（2008a）分别在热空气介质下以及高压蒸汽介质下，采用 170℃、180℃、190℃、200℃的热处理温度，2h、6h、12h、24h 的热处理时间，对海岸松（*Pinus pinaster*）和蓝桉（*Eucalyptus globulus*）进行高温热处理，不管是在热空气介质下还是在蒸汽介质下，L^* 都是随着热处理强度的增加以及失重率的增加而降低的，a^* 和 b^* 也都降低，但在热空气介质下颜色比高压蒸汽介质下的要深。

Marcos et al.（2009a）采用190℃、210℃、230℃、245℃的热处理温度，0.33h、1h、4h、8h、16h的热处理时间，在 N_2 介质下对挪威云杉、欧洲山毛榉、苏格兰松心材和边材进行热处理，随着热处理强度的增加，L^* 降低，失重率增加，a^* 和 b^* 开始稍微地增大，达到一个最大值后又减小，ΔE^* 随失重率的增加而增加；其中明度差（ΔL^*）对 ΔE^* 的影响最大，Δb^* 次之，Δa^* 的影响最小。

Sahin et al.（2011）采用120℃、150℃、180℃的热处理温度，2h、6h、10h的热处理时间对红芽槭（*Acer trautvetteri*）、欧洲铁木（*Ostrya carpinifolia*）以及栎木（*Quercus petraea* ssp. *iberica*）进行热处理，随着热处理温度和时间的增加，木材颜色变深变暗，a^* 和 b^* 随热处理强度的增大也产生明显的变化，ΔE^* 与热处理强度关系密切，随热处理强度的增大而增大。

Aksoy et al.（2012）采用150℃、175℃、200℃的处理温度，2h、4h及8h的处理时间对苏格兰松进行热处理，热处理后木材颜色变深，ΔL^* 随着热处理强度的增大而增大，a^* 增大，b^* 先增大、后降低，ΔE^* 增大。

Allegretti et al.（2012）采用真空热处理的方法，160℃、180℃、190℃、200℃、220℃的热处理温度，0.75～18h的热处理时间，对挪威云杉和欧洲冷杉（*Abies alba*）进行热处理，随着失重率的增加，L^* 降低很快，b^* 缓慢降低，趋向蓝色，a^* 则缓慢增加，很快又恢复到对照组的值，颜色的变化主要是由 L^* 引起的，a^* 和 b^* 对其影响不明显。

Srinivas et al.（2012）采用210℃、225℃、240℃的热处理温度，1h、2h、4h、6h、8h的热处理时间，在－400mm Hg的相对真空度条件下对橡胶树（*Hevea brasiliensis*）和银桦（*Grevillea robusta*）木材进行热处理，热处理后木材颜色变深且均匀，L^* 随着热处理强度的增加而降低，a^* 和 b^* 开始时增大，随后就减小，ΔE^* 随着热处理强度的增加而增加。

Akgül et al.（2012）采用120℃、150℃、180℃的热处理温度，2h、6h、10h的热处理时间对苏格兰松和高加索冷杉（*Abies Nordmanniana* sp. *Bornmuelleriana*）进行高温热处理，L^* 都是随着热处理强度的增加而降低的，ΔE^* 与热处理温度和时间的相关性较好。

Kamperidou et al.（2013）采用200℃的处理温度，4h、6h及8h的处理

时间对苏格兰松进行热处理，在轴向、径向、弦向三个方向，L^* 都是随热处理强度（即：热处理温度和热处理时间）的增加而明显减小的，b^* 先增大后减小，a^* 先缓慢增大而后趋于平衡，木材 ΔE^* 则增大，弦向大于径向大于轴向，色饱和度差（ΔC^*）呈比例地减小。

上述研究结果证实，经热处理后木材颜色均变深，L^* 值随热处理强度的增大而明显地降低，a^* 和 b^* 值变化规律不明显，木材 ΔE^* 随热处理强度的增大呈指数增大，ΔL^* 对 ΔE^* 的贡献远大于 Δa^* 和 Δb^*。

1.2.3　高温热处理木材颜色变化研究存在的问题

在高温热处理木材颜色变化规律的探究方面，国内外学者虽然做了大量的工作，但还存在以下几个方面的不足。

① 多数热处理过程中，温度的控制主要依据热处理环境温度来间接控制，缺乏对热处理整个过程中木材内部自身温度分布情况及其演变的连续控制，更难以对木材内部热处理程度有较准确的把握。

② 多数研究中的热处理时间是从干燥室数显温控仪上的温度达到设定温度后开始计时的，但事实上此时木材表面的温度并不一定达到其设定温度，这就使得过早记录热处理时间，导致最后得到的木材颜色指标（ΔE^*、ΔL^* 和 ΔC^* 等）关于 t 和 τ 的多元线性回归方程（$y=f(t,\tau)$）准确性降低。

③ 另外，部分研究中热处理时间是从木材表面温度达到其设定温度后开始计时的，但此时木材内部的温度并不一定达到其设定温度。因此，木材内外势必存在着色差。多数研究中，在对热处理后木材颜色变化的研究时仅是对木材表面颜色进行分析，缺乏对木材断面（如：厚度方向或宽度方向）连续颜色效果的评价；另外，也缺乏对木材升温阶段木材表面层以及内部颜色效果的评价。

可见，热处理过程中木材颜色的调控问题是木材热处理研究领域内的空白，本研究将重点解决这一问题。

1.2.4　高温热处理过程中木材颜色控制解决办法的提出

由于木材颜色的影响程度主要取决于热处理温度和时间，因此要想实现热处理过程中木材颜色的调控，有必要定量研究热处理过程中木材的传热传质行为。通过对高温热处理过程中木材传热传质行为的研究，可实现对木材内部自身温度分布情况、水分分布情况及其演变的连续控制，利用前人研究较多的ΔE^*、ΔL^*和ΔC^*等关于t和τ的多元线性回归方程（$y=f(t, \tau)$），将传热传质与回归关系两者有机地结合起来，即可实现木材颜色的连续控制。简而言之，就是说用高温热处理过程中木材传热传质原理来指导木材颜色的控制，实现其颜色变化的可控性。

然而，木材高温热处理过程中的传热传质过程却有别于传统木材干燥过程中的传热传质，主要表现在以下两个方面。

首先，传统的木材干燥过程始终伴随有木材水分的迁移和热量的传递，而木材热处理过程除了初始阶段（从含水状态到绝干状态）与其相似外，还包括了绝干木材至高温处理结束阶段木材的热传递。相关木材干燥过程中热质传递数学模型的构建，国内外诸多学者做了许多工作；国内外学者常建民（1994）、苗平（2000）、伊松林（2002）、胡松涛等（2002）、谢拥群（2003）、李贤军（2006；2008；2012）、李延军（2008）、李文军（2009）、Mounji（1991）、Zhang et al.（1992）、Collignan et al.（1993）等做了大量的研究，并建立了相关水分移动的数学模型和热量传递的数学模型，对被干燥物料的干燥行为和特性也做到了很好的预测。但是目前为止，相关高温热处理过程中热质传递数学模型的构建则较少。Younsi et al.（2006a）以N_2为介质，基于Luikov方法构建了高温热处理过程中木材传热传质的数学模型，以欧洲山杨（*Populus tremuloides*）为研究对象对模型进行了验证；并对常量热物性参数和变量热物性参数进行了对比，使用变量热物性参数所计算的结果和试验结果的吻合性更高，说明模型精度的高低取决于参数精度的高低。Younsi et al.（2006b）以扩散模型为基础，建立了高温热处理过程中木材内部热量传导和水分迁移的模型，并用试验的方法对模型进行了验证，模型的预测结果与试验结果比较吻合；并对初始含水率、传热传质系数、试样厚度几个参数进行了研究，分析了这三个参数对木材温度分布和水分分布的影响。Younsi et al.（2006c）以N_2为介质，基于Luikov方法构建了高温热处理过程中木材传热传质的数学模型，以白桦为试验材料对模型进行了验证，发现模型预测值和试验值吻合效果较好；并对加热速率和初始含水率两个参数进行了研究，分析了两个参数对温度分布和水分分布的影响。Younsi et al.（2006d）基于Luikov方法构建了高温热处理过程中木材传热传质的数学模型，发现模型预测结果和试验结果有非常好的吻合性。Younsi et al.（2006e）基于多相模型方法构建了高温热处理过程中木材传热传质的数学模型，发现模型预测结果和试验结果有非常好的吻合性；并对加热速率、初始含水率和样品厚度三个参数进行了研究，分析了三个参数对木材温度分布和水分分布的影响。开展木材高温热处理过程中传热传质行为的研究，可为木材颜色的定量控制提供可靠的理论支持与实现途径。Younsi et al.（2007a）基于Navier-Stokes方法构建了高温热处理过程中木材传热传质的数学模型，发现模型预测结果和试验结果有非常好的吻合性。Younsi et al.（2007b）采用扩散模型、Luikov方法和多相模型方法构建了高温热处理过程中木材传热传质的数学模型，并对三种方法构建的模型进行了对比；通过对三种模型结果和试验结果的分析，发现扩散模型的预测结果和试验结果有更高的吻合性，扩散模型也被认为是最实用的方法。Younsi et al.（2008a）采用CDF模型方法构建了高温热处理过程中木材传热传质的数学模型，以红松（*Pinus koraiensis*）和杰克松（*Pinus banksiana*）为试验材料对模型进行了验证，发现模型预测值和试验值吻合性有非常好的效果；并对初始含水率和样品长径比两个参数进行了研究，分析了两个参数对木材温度分布和水分分布的影响。Younsi et al.（2008b）采用Luikov方法构建了高温热处理过程中木材传热传质的数学模型，发现模型预测结果和试验结果有非常好的吻合性。Younsi et al.（2010a）采用多相模型方法构建了高温热处理过程中木材传热传质的数学模型，发现模型预测结果和试验结果有非常好的吻合性，表明数学模型是设计高温热处理过程的一种有效方法；并对热量迁移系数、水分迁移系数和初始含水率三个参数进行了研究，分析了三个参数对木材温度分布和水分分布的影响。Younsi et al.（2010b）采用Navier-Stokes方法构建了高温热处理过程中木材传热传质的数学模型，发现模型预测结果和试验结果有非常好的吻合性。

其次，传统木材干燥过程中的木材骨架物质及热物性［如：比热容（c）、热导率（λ）、导温系数（a）］可视为常量，但高温热处理过程中的木材骨架物质由于发生了物理和化学反应引起其热物性改变，因此热物性将不再为常量，它会随着温度的升高而发生变化，这样一来就导致其传热过程和方式的差异，因此在高温热处理过程中应考虑到变量热物性的影响（Younsi，et al.，2006a）。

因此，在建立高温热处理木材传热传质数学模型时要区别于传统木材干燥过程中的传热传质，以更好地实现高温热处理过程中木材内部自身温度分布情况、水分分布情况及其演变的连续把控。

1.2.5 高温热处理过程中木材颜色控制的实施途径

如何把高温热处理过程中热质迁移原理用在木材颜色的控制上（即用高温热处理过程中热质迁移原理来指导木材颜色的控制），这是本研究一个非常关键的问题，也是本研究的核心。

要实现高温热处理木材颜色的控制，可通过以下几个步骤进行。

(1) 高温热处理过程中木材传热传质数学模型的构建

建立高温热处理过程中木材传热传质的数学模型将是本研究的重点，同时也是难点。在高温热处理的过程中，木材颜色的影响程度主要取决于热处理温度和热处理时间。建立木材热处理过程中木材传热传质的数学模型，最主要的目的就是便于对木材实际高温热处理过程中木材内部温度以及水分的分布情况进行预测和模拟控制，进而为热处理过程中木材颜色变化的控制提供可靠的理论支持和实现途径。

(2) 高温热处理过程中 ΔE^*、ΔL^* 和 ΔC^* 等关于 t 和 τ 的多元线性回归方程 ($y=f(t, \tau)$)的获取

在高温热处理的过程中，木材颜色值的变化趋势与热处理温度和处理时间具有较高的线性相关性。利用此特性，可以在实际生产中根据被处理材的初始颜色值和预期要达到的颜色值，由事先得出的线性方程计算出所需要的热处理温度和处理时间，从而合理安排热处理工艺。本研究中，将测定热处理前后木材表面的颜色值，根据最小二乘法原理，采用多元回归分析方法，获取 ΔE^*、ΔL^* 和 ΔC^* 等关于 t 和 τ 的多元线性回归方程（$y=f(t, \tau)$）。

(3) 高温热处理过程中木材传热传质原理在木材颜色控制上的应用

木材作为热的不良导体，其 ΔE^*、ΔL^* 和 ΔC^* 等关于 t 和 τ 的多元线性回归方程 ($y=f(t, \tau)$)仅能保证木材表面材色的处理效果而无法对全截面材色进行精确控制，这就可能严重影响热处理材后续表面处理，如刨切修整等工艺参数的确定。另外，木材 ΔE^*、ΔL^* 和 ΔC^* 等关于 t 和 τ 的多元线性回归方程 ($y=f(t, \tau)$)仅能对热处理结束后的木材颜色进行评价，无法对热处理过程中木材颜色的实时变化进行描述。因而该回归模型极大地限制了其使用范

围，所以只有精确把控整个热处理过程中木材截面上温度的分布规律，才有可能解决木材整个过程全截面材色的预期处理效果。

本研究中，将高温热处理过程中传热传质模型［1.2.5 节（1）］得到的 t 和 τ 代入到木材 ΔE^*、ΔL^* 和 ΔC^* 等关于 t 和 τ 的多元线性回归方程［1.2.5 节（2）］中，即可知任意时间、任意温度下木材任意空间位置上的 ΔE^*、ΔL^* 和 ΔC^* 等，进而实现木材颜色的控制。

1.2.6　高温热处理木材化学成分与颜色变化二者的相关性

高温热处理后的木材颜色之所以会变深，主要是热处理后木材的化学结构发生了变化。国内外学者对热处理过程中木材化学成分变化和木材颜色变化的相关性进行了研究。

曹永建（2008）对杉木心、边材和毛白杨进行热处理，得到杉木心材综纤维素、α-纤维素、木质素的变化值（y）与 t 和 τ 的数学回归模型，分别为：$y=0.286t+1.066\tau-47.431$（$R^2=0.967$），$y=0.430t+2.909\tau-83.308$（$R^2=0.849$），$y=-0.341t-1.455\tau+64.017$（$R^2=0.894$），杉木边材综纤维素、α-纤维素、木质素的变化值（y）与 t 和 τ 的数学回归模型分别为：$y=0.251t+1.682\tau-42.714$（$R^2=0.950$），$y=0.686t+4.307\tau-128.396$（$R^2=0.934$），$y=-0.408t-2.379\tau+78.561$（$R^2=0.839$），毛白杨综纤维素、α-纤维素、木质素的变化值（$y$）与 t 和 τ 的数学回归模型分别为：$y=0.325t+1.432\tau-54.035$（$R^2=0.892$），$y=0.552t+4.098\tau-105.606$（$R^2=0.9307$），$y=-1.310t-8.392\tau+235.117$（$R^2=0.904$）。

Esteves et al.（2007）对海岸松的明度参数 L^* 与葡萄糖、半纤维素、木质素以及提抽物的相关性进行了分析，ΔL^* 除与提抽物含量变化量的相关性稍差外，与纤维素、半纤维素、木质素含量的相关性均较好。

Esteves et al.（2008a）对海岸松和蓝桉的颜色与化学成分的关系进行了分析，ΔL^* 与葡萄糖含量的 $R^2=0.96$，与半纤维素含量的 $R^2=0.92$，与木素含量的 $R^2=0.86$，与提抽物含量的 $R^2=0.62$。

Marcos et al.（2009a）研究发现，热处理木材的总体色差 ΔE^* 与木素的含量成正相关关系，与半纤维素和纤维素的含量成负相关关系；ΔL^* 与木素的含量成负相关关系，与半纤维素和纤维素的含量成正相关关系。

众所周知，木材由纤维素、半纤维素和木质素三大成分组成，另外还含有少量的抽提物、灰分和果胶物质。其中，纤维素是构成细胞壁的结构骨架物质，为吡喃型 D-葡萄糖基在 1→4 位彼此以 β-苷键连接而成的高聚物；纤维素大分子仅由一种糖基组成，且聚合度高，性质比较稳定，在高温热处理的作用下，纤维素非结晶区发生了超微观结构的重组，结晶区增加，结晶度增高，大量的羟基被氧化生成羰基和羧基，使木材颜色加深。

半纤维素则不是均一聚糖，而是大量复合聚糖的总称，大多为带有短支链的线状结构，聚合度低，性质不太稳定，热处理后最容易受到热降解（Akgül，et al.，2012；Yildiz，et al.，2005，2006；Bourgois，et al.，1991）；它的分子量低、无定形性质以及结构多分枝特点，使得它们和其他成分相比降解得更快。半纤维素中的乙酰基在热的条件下容易导致乙酸的形成，多糖的降解，特别是半纤维素的降解更加剧了乙酸的产生（Tjeerdsma，et al.，1998）。半纤维素热降解后形成的一些有颜色的产物，如糠醛（含有发色基团）导致了木材颜色的变化（Wienhaus，1999；Persson，2003；Sundqvist，2004），这些热降解产物和木材中的抽提物以及其他如低分子量的糖、氨基酸的化学成分在热处理的过程中会迁移到木材的表面，导致木材表面的颜色比中心层的要深（Dubey，2010）。

木质素是一种天然的高分子聚合物，是由苯基丙烷结构单元通过醚键和碳-碳键连接而成，具有三维结构的芳香族高分子化合物。木质素中含有许多发色基团，如苯环、羰基、乙烯基和松柏醛基等，发色基团自身颜色的变化也是引起木材颜色变化的主要原因之一（Bourgois，et al.，1991；Persson，et al.，2006；Marcos，et al.，2009；Sundqvist，2004）；木质素氧化后还会产生醌类化合物，也会使木质素变色；另外，木质素结构单元中还含有大量酚羟基、羰基、不饱和双键等助色基团和生色基团，从而使颜色加深。Marcos et al.（2009）认为木质素对热处理过程木材颜色的影响要远大于碳水化合物对其的影响。

此外，木材中不仅含有种类各异、含量各异的抽提物，如色素、单宁和树脂等发色物质，而且在热处理过程中，木材中的抽提物也发生剧烈变化，生成更多酚类物质，从而使得木材颜色加深（Sundqvist，2002；Nuopponen，et al.，2003；Fan，et al.，2010），但对木材颜色的影响要远小于木质素和半纤维素对其的影响（Marcos，et al.，2009）。

1.2.7　高温热处理过程中木材化学成分变化控制的实施途径

高温热处理过程中木材颜色的变化主要是由于化学成分的变化所引起的，因此，要分析木材颜色变化和化学成分变化的关系，有必要对高温热处理过程中木材化学成分变化进行控制。

实现高温热处理木材化学成分的控制，可通过以下几个步骤进行。

(1) 高温热处理过程中木材传热传质数学模型的构建

同 1.2.5 节 (1)。

(2) 高温热处理过程中综纤维素含量差（ΔHo）、纤维素含量差（ΔCe）、半纤维素含量差（ΔHe）和木质素含量差（ΔLi）关于 t 和 τ 的多元线性回归方程（$y=f(t, \tau)$）的获取

在高温热处理的过程中，木材化学成分值的变化趋势与热处理温度和处理时间具有较高的线性相关性。本研究中，将测定热处理前后木材表面的化学成分变化值，根据最小二乘法原理，采用多元回归分析方法，获取木材 ΔHo、ΔCe、ΔHe 和 ΔLi 关于 t 和 τ 的多元线性回归方程（$y=f(t, \tau)$）。

(3) 高温热处理过程中木材传热传质原理在木材化学成分控制上的应用

本研究将高温热处理过程中温度分布数学模型 [1.2.5 节 (1)] 得到的 t 和 τ 代入到木材 ΔHo、ΔCe、ΔHe 和 ΔLi 关于 t 和 τ 的多元线性回归方程 [1.2.7 节 (2)] 中，即可知任意时间、任意温度下木材任意空间位置上的 ΔHo、ΔCe、ΔHe 和 ΔLi，进而实现木材化学成分的控制。

1.2.8　真空高温热处理方法的优点

经高温热处理后，木材质量会有一定程度的损失。陈太安等（2012）采用蒸汽介质对西南桦进行热处理，随着处理温度的升高和处理时间的延长，木材的失重率越来越高；在热处理温度为 210℃、处理时间为 4h 的条件下，质量损失率高达 11%，导致力学强度不同程度降低。而笔者在真空条件下对西南桦木材进行高温热处理，在 200℃、4h 的处理工艺下，西南桦失重率只有 2.4%。真空高温热处理由于处理环境中无氧气或氧气含量较低，因此，失重率降低得较少。另外，王雪花、刘君良（2012）对粗皮桉（*Eucalyptus pellita*）进行真空高温热处理，热处理温度在 200℃ 以下，随着热处理温度的升

高，失重率降低得比较缓慢，木材的抗弯弹性模量以及抗弯强度都比未处理材有不同程度的增加。

因此，本研究将采用真空高温热处理的方法，在保证力学性能不损失或损失较小的情况下对木材颜色进行调控。

但真空条件下木材的高温热处理使得木材表面与处理环境的热交换形式不再通过空气对流传热，而是靠辐射传热，这些边界条件与处于大气环境下的木材高温热处理有本质的区别，需要重新建立边界热/质交换方程。

1.3 研究目标和主要研究内容

1.3.1 关键的科学问题与研究目标

1.3.1.1 重点解决的总问题

① 真空高温热处理过程中木材传热传质数学模型的构建；

② 真空高温热处理过程中木材传热传质原理在木材颜色控制上的应用，即真空高温热处理过程中木材颜色控制数学模型的构建。

1.3.1.2 预期目标

通过对真空高温热处理过程中木材传热传质数学模型的构建，以及对木材 ΔE^*、ΔL^* 和 ΔC^* 等关于 t 和 τ 的多元线性回归方程（$y=f(t,\tau)$）的获取，实现木材颜色的控制，获取木材颜色变化和化学成分变化的关系。

1.3.2 主要研究内容

1.3.2.1 真空高温热处理过程中木材传热传质数学模型的构建及试验验证

（1）模型构建

本书将选用西南桦气干材为研究对象，在真空高温热处理过程中试材需经历含水分状态至绝干（干燥阶段）、绝干至热处理结束（高温热处理阶段）两个过程。因此，在建立水分和热量迁移模型时，分两个阶段：第一个阶段是从含水分状态（气干材）至绝干状态的水分分布以及温度分布数学模型的建立（即建立干燥阶段模型），第二个阶段是从绝干状态至木材热处理结束阶段温度分布数学模型的建立（即建立高温热处理阶段模型）。通过对高温热处理过程中木材热质迁移行为的研究，可实现对木材内部温度分布情况和水分分布情况的连续预测，进而为热处理过程中木材颜色变化的控制提供可靠的理论支持和实现途径。

（2）试验验证

将热电偶埋入西南桦木材不同位置，测定其温度的分布情况，以此来验证传热模型的吻合效果；将木材沿厚度方向进行分层，计算其水分分布情况，以此来验证传质模型的吻合效果。

1.3.2.2　真空高温热处理过程中木材化学成分变化规律

测定热处理前后西南桦木材表面的化学成分含量，根据最小二乘法原理，采用多元回归分析方法，获取木材表面综纤维素含量差（ΔHo）、纤维素含量差（ΔCe）、半纤维素含量差（ΔHe）和木质素含量差（ΔLi）关于 t 和 τ 的二元回归方程（$y=f(t, \tau)$），分析真空高温热处理过程中木材化学成分变化规律。

1.3.2.3　真空高温热处理过程中木材化学成分控制数学模型及试验验证

（1）模型构建

在 1.3.2.1 节“真空高温热处理过程中木材传热传质的数学模型”以及 1.3.2.2 节“木材表面化学成分变化值关于 t 和 τ 的回归方程”二者的基础上，将真空高温热处理过程中传热传质模型得到的 t 和 τ 参数代入到西南桦木材 ΔHo、ΔCe、ΔHe 和 ΔLi 关于热处理温度 t 和 τ 的二元回归方程（$y=f(t, \tau)$）中，可获取任意时间、任意温度下木材任意空间位置上的化学成分值，实现真空高温热处理过程中木材化学成分变化的控制。

（2）试验验证

将西南桦真空高温热处理材沿木材厚度方向进行分层，取试样表面部位测定其化学成分的含量，计算出 ΔHo、ΔCe、ΔHe 和 ΔLi，以此来验证模型的吻合效果。

1.3.2.4　真空高温热处理过程中木材颜色变化规律

测定热处理前后西南桦木材表面的颜色值，根据最小二乘法原理，采用多元回归分析方法，获取木材表面 ΔL^*、ΔE^*、ΔC^* 关于 t 和 τ 的二元回归方程（$y=f(t,\tau)$），分析真空高温热处理过程中木材颜色变化规律。

1.3.2.5 真空高温热处理过程中木材颜色控制数学模型及试验验证

（1）模型构建

在 1.3.2.1 节“真空高温热处理过程中木材传热传质的数学模型”以及 1.3.2.4 节“木材表面颜色变化值关于 t 和 τ 的回归方程”二者的基础上，将真空高温热处理过程中传热传质模型得到的 t 和 τ 参数代入到西南桦木材 ΔL^*、ΔE^*、ΔC^* 关于 t 和 τ 的二元回归方程（$y=f(t,\tau)$）中，可获取任意时间、任意温度下木材任意空间位置上的颜色值，实现真空高温热处理过程中木材颜色变化控制。

（2）试验验证

将西南桦真空高温热处理材沿木材厚度方向进行分层，在距表层 2mm 处、试件 1/4 厚度层、中心层作为测色点，采用全自动色差计记录该点的颜色值，计算出 ΔL^*、ΔE^*、ΔC^*，以此来验证模型的吻合效果。

1.3.2.6 真空高温热处理过程中木材颜色变化机理

① 在分析木材颜色变化规律和化学成分变化规律的基础上，研究木材颜色指标与各化学成分的关系。

② 根据提抽物显色反应以及采用现代先进仪器［紫外光谱（UV）、红外光谱（FTIR）、X 射线光电子能谱（XPS）］等手段分析热处理前后木材化学结构的变化情况，分析其颜色变化机理。

1.4 研究技术路线

综上所述，本研究的总体思路可归纳为如下四步。

第一步：建立真空高温热环境下木材热质传导方程和边界条件，进而获得木材在热处理过程中的温度和水分全动态分布规律。

第二步：以云南省主要商品用材西南桦为研究对象，获得木材 ΔE^*、ΔL^* 和 ΔC^* 等关于 t 和 τ 的二元线性回归方程（$y=f(t,\tau)$）以及综纤维素含量差（ΔHo）、纤维素含量差（ΔCe）、半纤维素含量差（ΔHe）和木质素含量差（ΔLi）关于 t 和 τ 的二元线性回归方程（$y=f(t,\tau)$）。

第三步：将第一步中基于热质传递数学模型得到的 t 和 τ 代入第二步中木材 ΔE^*、ΔL^* 和 ΔC^* 等关于 t 和 τ 的二元线性回归方程（$y=f(t,\tau)$）以及 ΔHo、ΔCe、ΔHe 和 ΔLi 关于 t 和 τ 的二元线性回归方程（$y=f(t,\tau)$）中，从而实现对木材颜色和化学成分的计算以及控制的目的。

第四步：在对第二步“木材 ΔE^*、ΔL^* 和 ΔC^* 等关于 t 和 τ 的二元线性回归方程（$y=f(t,\tau)$）”和“ΔHo、ΔCe、ΔHe 和 ΔLi 关于 t 和 τ 的二元线性回归方程（$y=f(t,\tau)$）”以及第三步“木材颜色控制数学模型”和“木材化学成分控制数学模型”研究的基础上，分析木材颜色变化与化学成分变化的关系，并采用抽提物显色反应、UV、FTIR、XPS等手段探讨其颜色变化机理。

本书的技术路线如图1-1所示。

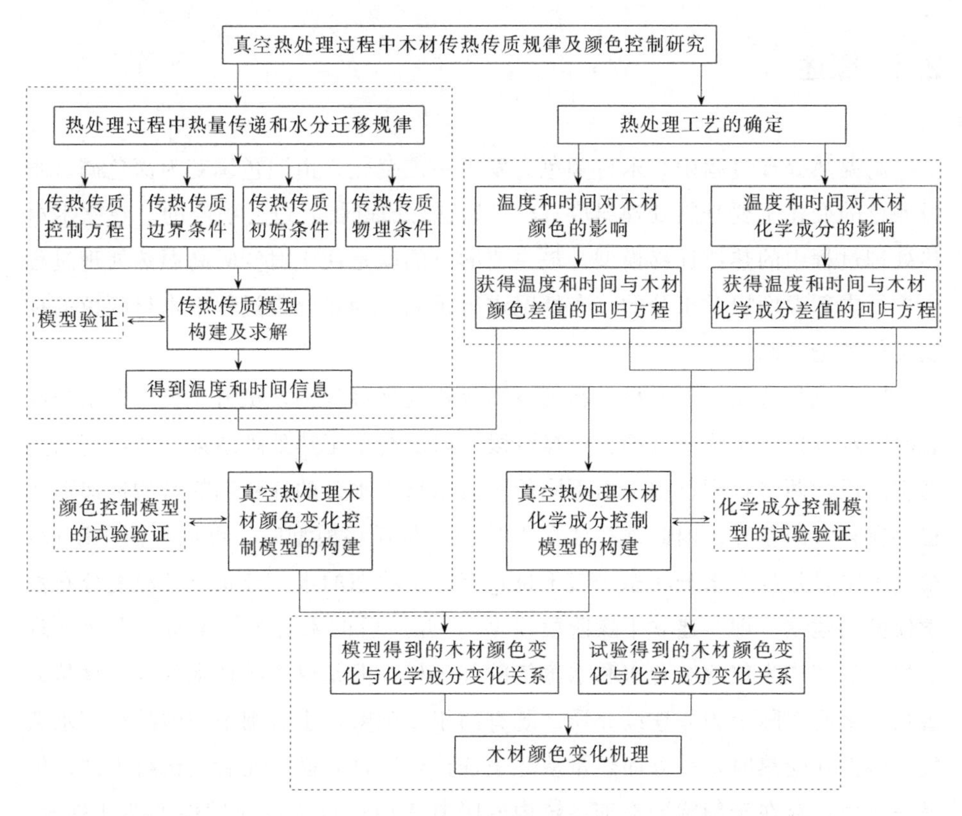

图1-1 研究技术路线

第2章

真空高温热处理过程中木材传热传质数学模型的构建及试验验证

2.1 概述

高温热处理过程中，木材颜色会发生一定变化，由浅色调变为深色调。木材颜色的变化主要是热处理温度（t）以及热处理时间（τ）引起的。建立木材热处理过程中的热质迁移模型，最主要的目的就是便于对实际高温热处理过程中木材内部温度以及水分的分布情况进行预测，为热处理过程中木材颜色的控制提供理论基础。

本研究将选用气干木材，在真空高温热处理过程中，试材需经历含水分状态时的水分扩散至绝干（即：干燥阶段）以及绝干至热处理结束（即：高温热处理阶段）两个物理过程，而不同的阶段木材中水分的迁移和热量的传递形式也存在较大的差异。因此，在建立水分和热量迁移模型时，可以分两个阶段：第一个阶段是从含水分状态（气干材）至绝干状态的水分分布以及温度分布数学模型的建立（即：建立干燥阶段模型），此阶段的木材为气干材，在热处理前均已处理成为仅含结合水和水蒸气的气干材，但是仅含结合水的气干材从微观角度来看实际上为非连续介质，既有固相细胞壁，也有细胞腔内的气相水蒸气。试件在受热时，一方面热量从环境迁移至试材表面，而后至试材内部；但另一方面，存在于细胞壁毛细系统内的吸着水由试件内部向试件外部迁移时，会将热量从试材内部转移到试材的外部。同时，由于气相（水蒸气）和液相

（吸着水）之间存在相平衡关系，上述热量和水分迁移过程中也将伴随有细胞腔内水蒸气和细胞壁内吸着水的凝结和蒸发过程。因此，纤维饱和点（FSP）以下木材的传热过程实质上是一个伴随有非等温吸着水迁移的混合传热传质过程。在建立热量迁移偏微分方程时需考虑吸着水迁移时带来的热量迁移以及汽化潜热，在建立水分迁移的偏微分方程时需考虑热量迁移时带来的水分迁移，然后将偏微分方程变差分方程，再对差分方程进行求解，可得温度分布和水分分布情况。第二个阶段是从绝干状态至木材热处理结束阶段的温度分布数学模型的建立（即：建立高温热处理阶段模型），此阶段试件的导热完全依靠固相细胞壁来传递，热物性由于木材由外及内不断地热处理而发生了改变，造成试件外层与热环境间进行的辐射热传递、试件最外层和试件次外层间所进行的导热传递、试件次外层与内层以及相邻诸内层间所进行的热导率有很大的不同。由于此阶段中不含水分，因此不用考虑汽化潜热所带走的热量，也不用考虑由于水分迁移所引起的热量迁移。两个阶段的数学模型构建后用试验的方法对其进行验证，从而达到对真空高温热处理过程中热量迁移和水分迁移预测的目的，为木材颜色的控制提供可靠的理论支持与实现途径。

2.2 真空高温热处理过程中木材传热传质数学模型的构建

2.2.1 假设

为便于理论分析和模型求解，在建立数学模型前先做以下合理假设。

① 气干材是由木材实质、吸着水和水蒸气构成的混合多相体系，木材实质、吸着水和水蒸气呈非连续状态；

② 含水状态下木材的传热不仅有细胞壁实体物质的传热，还有细胞腔水蒸气及细胞壁内吸着水的传热，以及水蒸气与吸着水之间的相平衡热，其热方式符合傅里叶导热定律；

③ 试材内部的空气含量很少，在受热过程中其对传热的影响也较小，故忽略材料内空气的存在，且不计空气质量的迁移；

④ 真空条件下，加热箱内无空气存在且不计由试材散发出的空气，整个加热过程中热辐射源稳定无波动；

⑤ 热扩散系数、水分扩散系数随着温度的升高而变化，为变量；

⑥ 木材内的初始温度和水分是均匀的；

⑦ 和毛细管力相比，忽略重力的影响；

⑧ 在热处理过程中，木材的尺寸和内部结构保持不变；

⑨ 在热处理过程中，忽略化学成分的热降解；

⑩ 考虑到木材的不均匀性对热质传递的影响，本模型仅使用于早晚材是渐变的针叶材以及早晚材管孔大小一致的阔叶材散孔材。

图 2-1 为试件的几何形状。

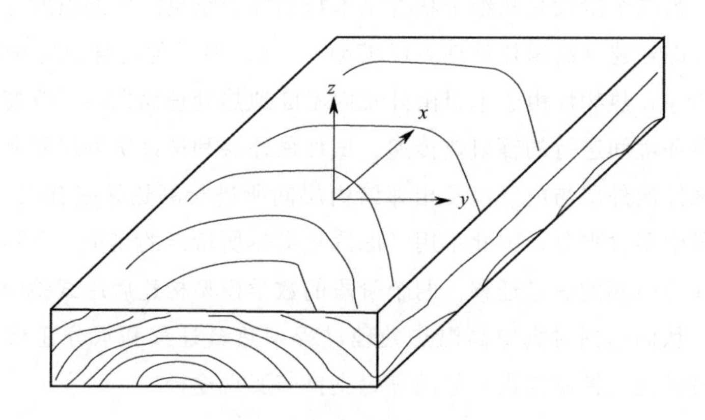

图 2-1 试件的几何形状

2.2.2 数学模型的构建

2.2.2.1 气干状态至绝干状态试件的传热传质数学模型

(1) 热量传递控制方程

水分迁移过程中会引起热量迁移以及汽化潜热带走热量，所以，热量迁移控制方程中应将此部分考虑进去。热量传递控制方程的三维形式可写成式(2.1)(俞昌铭，2011)。

$$\begin{aligned}\frac{\partial \rho c t}{\partial \tau}=&\left[\frac{\partial}{\partial x}\left(\lambda_x \frac{\partial t}{\partial x}\right)+\frac{\partial}{\partial y}\left(\lambda_y \frac{\partial t}{\partial y}\right)+\frac{\partial}{\partial z}\left(\lambda_z \frac{\partial t}{\partial z}\right)\right]+\\&\left[\rho_d c_1 D_{ls,x} \frac{\partial W}{\partial x}\times\frac{\partial t}{\partial x}+\rho_d c_1 D_{ls,y} \frac{\partial W}{\partial y}\times\frac{\partial t}{\partial y}+\right.\\&\left.\rho_d c_1 D_{ls,z} \frac{\partial W}{\partial z}\times\frac{\partial t}{\partial z}\right]\\&-\left(\frac{\partial \rho_g c_g u t}{\partial x}+\frac{\partial \rho_g c_g v t}{\partial y}+\frac{\partial \rho_g c_g w t}{\partial z}\right)-\dot{m}_v \gamma\end{aligned} \tag{2.1}$$

式(2.1) 的物理意义为：木材内任一部位单位时间、单位体积内物质能量的增加（等号左边），等于从邻近部位以导热方式传入该处的能量（等号右边第一项）加上吸着水扩散至该部位带来的热量（等号右边第二项），减去气体流动到该处的能量（等号右边第三项），减去吸着水蒸发带走的热量（即汽化潜热带走的能量）（等号右边第四项）。

在真空条件下气体流动对温度的影响较小，因此，可忽略等号右边第三项，式(2.1) 又可写成式(2.2)。

$$\frac{\partial \rho c t}{\partial \tau}=\left[\frac{\partial}{\partial x}\left(\lambda_x \frac{\partial t}{\partial x}\right)+\frac{\partial}{\partial y}\left(\lambda_y \frac{\partial t}{\partial y}\right)+\frac{\partial}{\partial z}\left(\lambda_z \frac{\partial t}{\partial z}\right)\right]+\left[\rho_d c_1 D_{ls,x} \frac{\partial W}{\partial x}\times\frac{\partial t}{\partial x}+\rho_d c_1 D_{ls,y} \frac{\partial W}{\partial y}\times\frac{\partial t}{\partial y}+\rho_d c_1 D_{ls,z} \frac{\partial W}{\partial z}\times\frac{\partial t}{\partial z}\right]-\dot{m}_v\gamma \tag{2.2}$$

则式(2.2) 的一维（厚度方向）形式为：

$$\frac{\partial \rho c t}{\partial \tau}=\frac{\partial}{\partial z}\left(\lambda_z \frac{\partial t}{\partial z}\right)+\rho_d c_1 D_{ls,z} \frac{\partial W}{\partial z}\times\frac{\partial t}{\partial z}-\dot{m}_v\gamma \tag{2.3}$$

式中　x，y，z——材料的坐标方向，分别为木材的长、宽、厚，m；

t——温度，℃；

τ——时间，s；

λ_x，λ_y，λ_z——木材不同方向的热导率，W/(m・K)；

ρ——木材密度，kg/m^3；

c——木材的比热容，J/(kg・K)；

$D_{ls,x}$、$D_{ls,y}$、$D_{ls,z}$——分别为 x、y、z 三个方向的吸着水的扩散系数，m^2/s；

c_1——含湿量，$kg_{水分}/kg_{干空气}$；

u、v、w——分别为 x、y、z 三个方向的空气速度，m/s；

$\dot{m}_v$——木材内部单位体积液相吸着水的体积蒸发率，$kg/(m^3 \cdot s)$；

γ——汽化潜热，J/kg；

W——含水率，%。

(2) 水分迁移控制方程

热量迁移过程中会引起水分迁移，所以水分迁移控制方程中应将此部分考虑进去。水分传递控制方程的三维形式可写成式(2.4)（俞昌铭，2011)。

$$\rho_d \frac{\partial W}{\partial \tau}=\left[\rho_d \frac{\partial}{\partial x}\left(D_{ls,x} \frac{\partial W}{\partial x}\right)+\rho_d \frac{\partial}{\partial y}\left(D_{ls,y} \frac{\partial W}{\partial y}\right)+\rho_d \frac{\partial}{\partial z}\left(D_{ls,z} \frac{\partial W}{\partial z}\right)\right]+ \rho_d\left[\left(\frac{\lambda_x}{c\rho}\times\frac{\partial t}{\partial x}\right)D_{ls,x} \frac{\partial W}{\partial x}+\left(\frac{\lambda_y}{c\rho}\times\frac{\partial t}{\partial y}\right)D_{ls,y} \frac{\partial W}{\partial y}+\left(\frac{\lambda_z}{c\rho}\times\frac{\partial t}{\partial z}\right)D_{ls,z} \frac{\partial W}{\partial z}\right]-\dot{m}_v \quad (2.4)$$

式(2.4）的物理意义为：木材内任一部位单位时间、单位体积内吸着水质量的增加（等号左边)，等于从该点邻近部位由于吸着水的扩散在单位时间内到达该处单位体积的质量（等号右边第一项）加上热量迁移过程中所引起的水分迁移的质量（等号右边第二项)，减去由于液相吸着水的蒸发在单位时间、单位体积内而减少的质量（等号右边第三项)。

则式(2.4）的一维（厚度方向）形式为：

$$\rho_d \frac{\partial W}{\partial \tau}=\rho_d \frac{\partial}{\partial z}\left(D_{ls,z} \frac{\partial W}{\partial z}\right)+\rho_d\left[\left(\frac{\lambda_z}{c\rho}\times\frac{\partial t}{\partial z}\right)D_{ls,z} \frac{\partial W}{\partial z}\right]-\dot{m}_v \quad (2.5)$$

式中 ρ_d——木材的绝干密度，kg/m^3。

(3) 水蒸气体积蒸发率 $\dot{m}_v$ 控制方程

水蒸气体积蒸发率 $\dot{m}_v$ 控制方程的三维形式可写成式(2.6)（俞昌铭，2011)。

$$\dot{m}_v=\left(\Phi \frac{\partial \rho_v}{\partial \tau}-D_{vs,x} \frac{\partial^2 \rho_v}{\partial x^2}\right)+\left(\Phi \frac{\partial \rho_v}{\partial \tau}-D_{vs,y} \frac{\partial^2 \rho_v}{\partial y^2}\right)+\left(\Phi \frac{\partial \rho_v}{\partial \tau}-D_{vs,z} \frac{\partial^2 \rho_v}{\partial z^2}\right) \quad (2.6)$$

式(2.6）的物理意义为：真空热辐射环境下木材内部每一处单位时间、单位体积内水蒸气蒸发的质量（等式左边)，等于单位时间、单位体积内水蒸气质量的增加（等式右边第一、三、五项)，减去由于水蒸气的扩散而离开该单位体积水蒸气的质量（等式右边第二、四、六项)。

则式(2.6）的一维（厚度方向）形式为：

$$\dot{m}_v=\Phi \frac{\partial \rho_v}{\partial \tau}-D_{vs,z} \frac{\partial^2 \rho_v}{\partial z^2} \quad (2.7)$$

式中 ρ_v——水蒸气密度，即绝对湿度，kg/m^3；

Φ——木材的空隙率，%；

$D_{vs,x}$、$D_{vs,y}$、$D_{vs,z}$——分别为 x、y、z 方向上水蒸气在木材中的质扩散率，m^2/s。

其中：

$$p_v = p_{sv}\varphi \tag{2.8}$$

$$\rho_v = p_v \frac{M_v}{RT} = p_{sv}\varphi \frac{M_v}{RT} \tag{2.9}$$

$$\varphi = f_p^*(t, W) \tag{2.10}$$

式中　p_v——水蒸气分压力，Pa；

p_{sv}——饱和水蒸气压力，Pa；

φ——相对湿度，%。

M_v——水蒸气摩尔质量，g/mol，取 18.02g/mol；

R——摩尔气体常数，J/(mol·K)，取 8.315J/(mol·K)。

2.2.2.2　绝干状态到热处理结束阶段试件的传热数学模型

由于此阶段中不含水分，所以不用考虑汽化潜热所带走的热量，也不用考虑由于水分迁移所引起的热量迁移，因此少了吸着水汽化潜热项以及水分迁移所引起的热量迁移项。

因此，式(2.2) 可简写成式(2.11)。

$$\rho_d \frac{\partial c_d t}{\partial \tau} = \frac{\partial}{\partial x}\left(\lambda_x \frac{\partial t}{\partial x}\right) + \frac{\partial}{\partial y}\left(\lambda_y \frac{\partial t}{\partial y}\right) + \frac{\partial}{\partial z}\left(\lambda_z \frac{\partial t}{\partial z}\right) \tag{2.11}$$

式(2.11) 的物理意义为：木材内任一部位单位时间、单位体积内物质能量的增加（等号左边），等于从邻近部位以导热方式传入该处的能量（等号右边）。

则式(2.11) 的一维（厚度方向）形式为：

$$\rho_d \frac{\partial c_d t}{\partial \tau} = \frac{\partial}{\partial z}\left(\lambda_z \frac{\partial t}{\partial z}\right) \tag{2.12}$$

式中　c_d——干木材的比热容，J/(kg·K)。

2.2.2.3　边界条件

与传统对流干燥不同，真空高温热处理过程中环境与木材表层的传热不仅通过对流换热进行，而且还主要通过热辐射进行。因此，建立本研究范围内的木材传热和传质的边界条件是本研究的创新点，也是难点之一。

（1）热辐射边界条件（Incropera，et al.，2012）

在所有表面层上

$$-\lambda_n \frac{\partial t}{\partial n}=h_R(T_R-T_s)+h(T_R-T_s)=\varepsilon\sigma_0(T_R^4-T_s^4)+h(T_R-T_s) \tag{2.13}$$

则式(2.13) 的一维（厚度方向）形式为：

$$-\lambda_z \frac{\partial t}{\partial z}=h_R(T_R-T_s)+h(T_R-T_s)=\varepsilon\sigma_0(T_R^4-T_s^4)+h(T_R-T_s) \tag{2.14}$$

式中 h_R——辐射换热系数，m/s；

h——对流换热系数，m/s；

T_s——木材辐射受热面温度，采用热力学温度，K；

T_R——辐射温度，K；

ε——辐射板与木材表面之间的系统黑度；

σ_0——实际物体的辐射常数，$\sigma=\varepsilon\sigma_0$。

在所有中心层上

$$\lambda \frac{\partial t}{\partial n}=0 \tag{2.15}$$

则式(2.15) 的一维（厚度方向）形式为：

$$\lambda \frac{\partial t}{\partial z}=0 \tag{2.16}$$

（2）传质边界条件（俞昌铭，2011）

在所有表面层上

$$D_{ls,n} \frac{\partial W}{\partial n}=h_m(W_s-W_e)=h_m(W_s-0)=h_m W_s \tag{2.17}$$

则式(2.17) 的一维（厚度方向）形式为：

$$D_{ls,z} \frac{\partial W}{\partial z}=h_m(W_s-W_e)=h_m(W_s-0)=h_m W_s \tag{2.18}$$

式中 h_m——换质系数，m/s；

W_s——木材辐射受热面的含水率，%；

W_e——木材在热处理环境中所能达到的最终平衡含水率。

由于本研究中热处理是在真空中进行的，因此可认为在这个环境中湿度为 0，所以 W_e 取 0，这是和热空气对流不同之处。

在所有中心层上

$$D_{ls}\frac{\partial W}{\partial n}=0 \tag{2.19}$$

则式(2.19) 的一维（厚度方向）形式为：

$$D_{ls}\frac{\partial W}{\partial z}=0 \tag{2.20}$$

(3) 水蒸气密度边界条件（俞昌铭，2011）

在所有表面层上

$$D_{vs}\frac{\partial \rho_v}{\partial n}=h_m(\rho_v-\rho_{v,e})=h_m\rho_v \tag{2.21}$$

则式(2.21) 的一维（厚度方向）形式为：

$$D_{vs}\frac{\partial \rho_v}{\partial z}=h_m(\rho_v-\rho_{v,e})=h_m\rho_v \tag{2.22}$$

式中　D_{vs}——木材中水蒸气的扩散系数，m^2/s；

ρ_v——木材中水蒸气的密度，kg/m^3；

$\rho_{v,e}$——环境中水蒸气的密度，kg/m^3。

由于本研究中热处理是在真空中进行的，因此可认为在这个环境中湿度为 0，所以 $\rho_{v,e}$ 取 0，这是和热空气对流不同之处。

在所有中心层上

$$D_{vs}\frac{\partial \rho_v}{\partial n}=0 \tag{2.23}$$

则式(2.23) 的一维（厚度方向）形式为：

$$D_{vs}\frac{\partial \rho_v}{\partial z}=0 \tag{2.24}$$

2.2.2.4　初始条件

认为木材内外的初始温度和初始含水率是均匀一致的，因此：

当 $\tau=0$ 时　$$t(x,y,z,0)=t_0 \tag{2.25}$$

当 $\tau=0$ 时　$$W(x,y,z,0)=W_0 \tag{2.26}$$

当 $\tau=0$ 时 $$\rho_v(x,y,z,0)=\rho_0 \tag{2.27}$$

则式(2.25)～式(2.27)的一维（厚度方向）形式分别为：

当 $\tau=0$ 时 $$t(z,0)=t_0 \tag{2.28}$$

当 $\tau=0$ 时 $$W(z,0)=W_0 \tag{2.29}$$

当 $\tau=0$ 时 $$\rho_v(z,0)=\rho_0 \tag{2.30}$$

2.2.2.5 物理条件

材料的基本物理性能参数，如材料的密度（ρ）、比热容（c）；热物性参数，如热导率（λ）和热扩散系数（a）。模型的精度取决于木材物理性能参数的精度（Younsi, et al., 2006a; 2006b; 2006c; 2006d; 2006e; 2007a; 2007b; 2008a; 2008b; 2010a; 2010b）。

（1）木材相对密度（G_m）（Glass, et al., 2010）

$$G_m=\frac{G_b}{1-0.265aG_b}=\frac{G_b}{1-0.265\left(\frac{30-W}{30}\right)G_b} \tag{2.31}$$

式中 G_b——基本相对密度，为干材质量与生材体积的比。

$$a=\frac{30-W}{30}$$

式中，$W<30$。

（2）木材密度（ρ）（Glass, et al., 2010）

$$\rho=1000G_m\left(1+\frac{W}{100}\right)=1000\frac{G_b}{1-0.265\left(\frac{30-W}{30}\right)G_b}\times\left(1+\frac{W}{100}\right)\quad (\mathrm{kg/m^3}) \tag{2.32}$$

（3）木材比热容（c）（Glass, et al., 2010）

$$\begin{aligned}c&=\frac{0.01c_{water}W+c_d}{1+0.01W}+A_c\\&=\frac{0.01\times4.185W+0.1031+0.003867T}{1+0.01W}+\\&\quad W(-0.06191+2.34\times10^{-4}T-1.33\times10^{-4}W)\quad [\mathrm{kJ/(kg\cdot K)}]\end{aligned} \tag{2.33}$$

式中 c_{water}——水的比热容，4.185kJ/(kg·K)；

c_d——干木材的比热容；

A_c——调整系数，是含水率和温度的函数。

其中，式(2.33) 中 c_d 和 A_c 分别用式(2.34) 和式(2.35) 表示。

$$c_d=0.1031+0.003867T\quad [kJ/(kg\cdot K)] \tag{2.34}$$

$$A_c=W(-0.06191+2.34\times10^{-4}T-1.33\times10^{-4}W) \tag{2.35}$$

(4) 木材的热导率 (λ) (Siau，1984)

木材热导率受木材密度、含水率等多种因素的影响，其中以含水率的影响最显著。木材轴向热导率大约是其横向热导率的 2 倍。

$$\begin{aligned}\lambda_z=\lambda_y=\frac{1}{2}\lambda_x&=[G_m(4.8+0.09W)+0.57]\times10^{-4}\quad [cal/(cm\cdot ℃\cdot s)]\\&=[G_m(4.8+0.09W)+0.57]\times10^{-4}\times4.1868\times10^{2}\quad [W/(m\cdot K)]\\&=G_m(0.2009664+0.0037812W)+0.02386476\end{aligned} \tag{2.36}$$

(5) 汽化潜热值 (γ) (Stanish，et al.，1986)

$$\gamma=2.792\times10^{6}-160T-3.43T^{2}\quad (J/kg) \tag{2.37}$$

(6) 木材中液相吸着水的扩散系数 (D_{ls}) (Siau，1984)

$$D_{ls}=0.07\times10^{-6}\exp\left(-\frac{9200-70W}{RT}\right)\quad (m^2/s) \tag{2.38}$$

(7) 木材中水蒸气的扩散系数 (D_{vs}) (Siau，1984)

$$D_{vs}=2.31\times10^{-5}\ \frac{P}{P+P_v}\left(\frac{T}{273}\right)^{1.81}\quad (m^2/s) \tag{2.39}$$

(8) 辐射换热系数 (h_R) (Incropera，et al.，2012)

$$h_R=\varepsilon\sigma_0(T_s+T_R)(T_s^2+T_R^2) \tag{2.40}$$

(9) 换质系数 (h_m) (Incropera，et al.，2012)

$$h_m=\frac{h_R}{\rho_a c_a Le^{1-n}}=\frac{h_R D_{ls,s} Le^{n}}{\lambda_a}=\frac{h_R D_{ls,s}}{\lambda_a}\left(\frac{\dfrac{\lambda_s}{c_s\rho_s}}{D_{ls,s}}\right)^{n}\quad (m/s) \tag{2.41}$$

式中　λ_a——干燥室内空气的热导率，W/(m·K)，取 0.02W/(m·K)；

ρ_a——干燥室内空气的密度，kg/m^3；

c_a——干燥室内空气的比热容，J/(kg·K)；

Le——路易斯数；

$D_{ls,s}$——木材表面吸着水扩散系数，m^2/s；

λ_s——木材表面热导率，W/(m·K)；

ρ_s——木材表面密度，kg/m^3；

c_s——木材表面比热容，J/(kg·K)；

n——常数，1/3。

(10) 辐射板和木材表面之间的系统黑度 (ε) (Incropera, et al., 2012)

$$\varepsilon=\frac{1}{\frac{1-\varepsilon_R}{\varepsilon_R A_R}+\frac{1}{F_{ij}A_R}+\frac{1-\varepsilon_s}{\varepsilon_s A_s}} \tag{2.42}$$

式中 ε_R——辐射板的黑度；

ε_s——木材表面的黑度；

A_R——辐射板的面积，m^2；

A_s——木材表面的面积，m^2；

F_{ij}——辐射角系数。

其中，式(2.42) 中 F_{ij} 用式(2.43) (Incropera, et al., 2012) 表示。

$$F_{ij}=\frac{2}{\pi\bar{X}\bar{Y}}\left[\ln\sqrt{\frac{(1+\bar{X}^2)(1+\bar{Y}^2)}{1+\bar{X}^2+\bar{Y}^2}}+\sqrt{\bar{X}}(1+\bar{Y}^2)\tan^{-1}\frac{\bar{X}}{\sqrt{1+\bar{Y}^2}}+\sqrt{\bar{Y}}(1+\bar{X}^2)\tan^{-1}\frac{\bar{Y}}{\sqrt{1+\bar{X}^2}}-\bar{X}\tan^{-1}\bar{X}-\bar{Y}\tan^{-1}\bar{Y}\right] \tag{2.43}$$

式中，$\bar{X}$ 和 $\bar{Y}$ 用式(2.44) (Incropera, et al., 2012) 表示。

$$\bar{X}=\frac{X}{L},\bar{Y}=\frac{Y}{L} \tag{2.44}$$

式中 X——辐射板的长度，m；

Y——辐射板的宽度，m；

L——辐射板离木材表面的距离，m。

2.3 试验验证

2.3.1 试验材料

试验材料为云南省常见材，西南桦木材。该木材于 2008 年 12 月采自云南省德宏傣族景颇族自治州陇川县景罕镇人工林地。

陇川县地处亚热带季风气候带，地理坐标：北纬 24°08′～24°39′，东经

97°39′～98°17′。其处位于亚热带季风气候带，日照充足，雨量充沛，热量丰富，四季不明显，干湿季分明，土地肥沃、宽广，年极端最高气温 35.7℃，年极端最低气温－2.9℃，年平均气温 18.8℃；历年平均降雨量 1600mm，年均降雨日 166 天，年均相对湿度 79%。

采集的西南桦平均树龄为 9 年左右，平均树高为 10m 左右，平均胸径为 20～25cm，选取离地面 1.3～5.3m 作为试验材料并加工成 40mm 的板材，然后置于大气中干燥。热处理前将西南桦板材加工成规格为 150mm（长-轴向）×50mm（宽-弦向）×20mm/40mm（厚-径向）试样，初始含水率约 10%，基本相对密度为 0.544，无缺陷。

2.3.2　试验设备

① 数显干燥箱，用于木材的干燥处理。

② 真空干燥箱，温度范围：常温～200℃，真空范围：常压～－0.1MPa。

③ 自制多点温度检测系统，包括：a. 热电偶（北京中航科仪测控技术有限公司，型号 T 型，探头直径 0.5mm)，用于温度的测量；b. 温度巡检仪（北京中航科仪测控技术有限公司，型号 XSL-A08ES2V0)，用于温度数据的显示、提取及传输；c. 温度记录存储仪（即计算机)，安装数据采集管理软件（北京中航科仪测控技术有限公司，型号 M400)，实现时间和温度数据的导入与存储。具体连接见图 2-2。

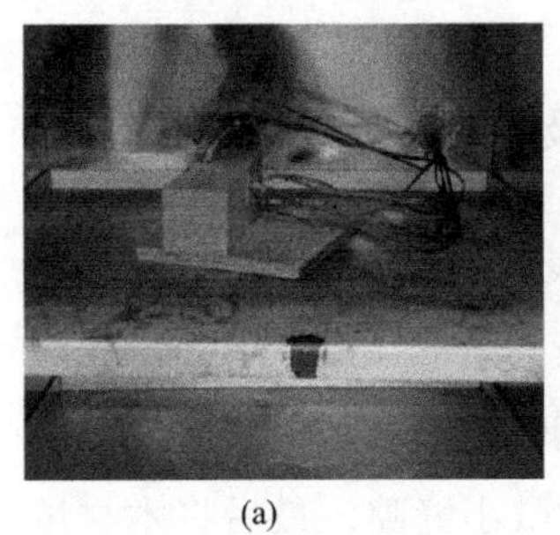
(a)

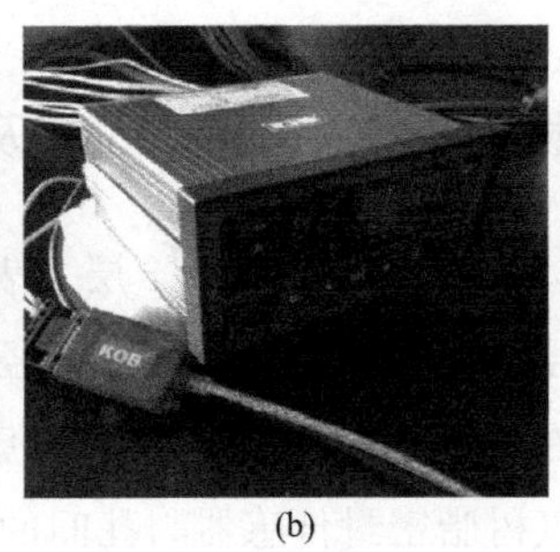
(b)

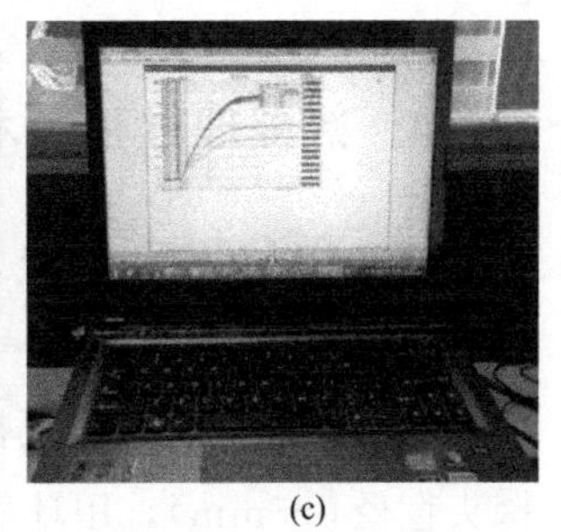
(c)

图 2-2　设备连接图

④ 分析天平，用于试件质量的测定。

2.3.3 热处理工艺

根据干燥室内木材含水率的不同、木材体积的不同、木材厚度的不同，则真空干燥箱的热源（即辐射板）温度升到设定温度的时间也不同。本试验的木材含水率较低，厚度较薄，放入箱内的木材的量也较小，所以辐射板温度升到目标温度的时间大概需要60min。热处理工艺条件见表2-1，加热过程中绝对压力均保持为0.02MPa。试件编号1～5用于比较不同热处理温度对木材温度变化的影响，试件编号5、6用于比较不同初始含水率对木材温度变化的影响，试件编号7、8用于比较不同热处理温度对木材含水率变化的影响。

表2-1 热处理工艺条件

试件编号	目标温度/℃	初始含水率/%	试样尺寸/(mm×mm×mm)	试样个数/个	备注
1	170	9.8	150×50×20(厚)	5	测定木材温度的变化
2	180	9.8	150×50×20(厚)	5	
3	190	9.8	150×50×20(厚)	5	
4	200	9.8	150×50×20(厚)	5	
5	200	0	150×50×20(厚)	5	
6	200	9.8	150×50×40(厚)	5	
7	180	9.8	150×50×20(厚)	45	测定木材水分的变化
8	200	9.8	150×50×20(厚)	45	

2.3.4 热处理过程中木材内部测温点的设置及温度分布测定方法

沿木材的厚度方向上，在其中心层、1/4层、表面层（离表层1mm）处用钻孔机（5速钻机，型号：ZJ4113A）钻3个直径为0.5mm的小孔，孔深为试件宽度的一半。然后在上述位置埋入铠装镍铬-康铜热电偶（型号：T型，探头直径0.5mm），用环氧树脂密封传感器与孔间的微小缝隙。最后将木材试件置于真空干燥箱（上海一恒，型号：DZF 6210）内，开启真空泵，当箱内真空度达到设定真空度时关闭真空泵，使干燥室内的真空度维持在设定的压力下；用数据采集系统（温度巡检仪为北京中航科仪测控技术有限公司生产，型号：XSL-A08ES2V0；数据采集管理软件为北京中航科仪测控技术有限公司生产，型号：M400）每分钟采集一次各位置的温度（得到的数据如图 2-3 所示），木材内外温度升到设定温度后，关闭真空干燥箱的加热开关，待真空箱内温度冷却至室温后打开烘箱。

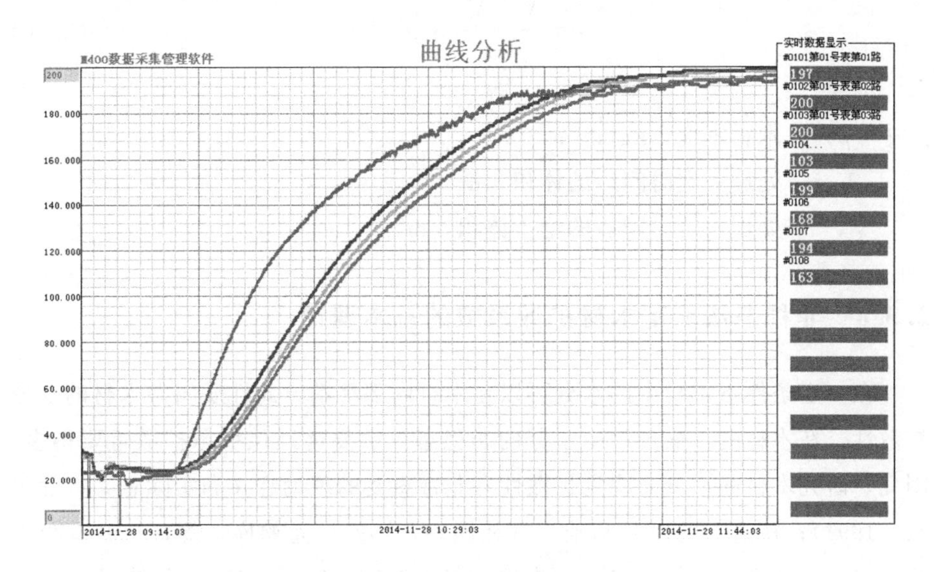

图 2-3　采集到的升温图

2.3.5　热处理过程中木材内部水分分布及密度的测定方法

采用称重法计算木材试件的含水率，共 8 个组。第 1 组为加热开始 10min 后取出试件称其总质量，并测量长、宽、厚的尺寸，并快速将其沿 1/2 厚度方向分成 3 层，称其各层质量；然后使箱内温度降至室温，再把第 2 组试件放入箱内开始加热，20min 后取出试件称其总质量，并测量长、宽、厚的尺寸，并快速将其沿 1/2 厚度方向分成 3 层，称其各层质量；第 3～8 组开始前的箱内温度都分别降至室温后再将试件放入箱内开始加热，到时间后取出试件称其总质量，并测量长、宽、厚的尺寸，最后将 8 组试件一起放入烘箱烘至绝干。

木材试件含水率的计算公式为：

$$W=\frac{G-G_0}{G_0}\times 100\% \tag{2.45}$$

式中　W——含水率，%；

G——处理一定时间后的质量，g；

G_0——处理一定时间后的绝干质量，g。

木材密度的计算公式为：

$$\rho=\frac{\dfrac{G}{V}-\dfrac{G_0}{V_0}}{\dfrac{G_0}{V_0}}\times 100\% \tag{2.46}$$

式中 ρ——木材密度，kg/m^3；

V——处理一定时间后的体积，m^3；

V_0——处理一定时间后的绝干体积，m^3。

2.3.6 非稳态法测定木材扩散系数的基本理论

在一定条件下木材中的水分可以在木材内部移动，此性质叫做木材的水分扩散性。在木材的干燥过程中水分的非稳态扩散要远远比稳态扩散重要得多。因此，研究木材的水分非稳定扩散性有非常重要的理论意义和实际意义（杜国兴，1991）；在前人的研究基础上（杜国兴，1991；尚德库，等，1992；李大纲，1997；李延军，等，2005；李梁，等，2009；Liu，1989）总结了木材中水分扩散系数的计算。

在木材的干燥过程中，水分在木材厚度方向上的移动可用傅里叶微分方程表示：

$$\frac{\partial W}{\partial \tau}=\frac{\partial}{\partial z}\left(D_{ls,z}\frac{\partial W}{\partial z}\right) \tag{2.47}$$

初始条件和边界条件：

当 $\tau=0$ 时 $$W=W_0 \tag{2.48}$$

当 $\tau=0$ 时 $$D_{ls,z}\frac{\partial W}{\partial \tau}=\pm h_m\frac{\partial}{\partial z}(W_s-W_e) \tag{2.49}$$

方程式(2.47) 的解为：

$$E=\frac{\overline{W}-W_e}{W_0-W_e}=2L^2\sum_{n=1}^{\infty}\frac{\exp(-\beta_n^2\tau')}{\beta_n^2(\beta_n^2+L^2+L)} \tag{2.50}$$

$$L=\beta_n(1-\tan\beta_n)=\frac{h_m a}{D_{ls,z}} \tag{2.51}$$

$$\tau'=\frac{D_{ls,z}\tau}{a^2} \tag{2.52}$$

式中　E——无量纲水分转移势；

$\overline{W}$——木材平均含水率；

L——比奥准数；

τ'——无量纲时间；

a——板厚中心层到板表面层的距离，m。

由于在实际的木材干燥过程中，扩散系数是随着木材本身的状况及周围的环境而变化的，因此不是一个定值，这里取 $E=0.5$，这时算出的扩散系数是某种特定条件下整个干燥过程的平均值（杜国兴，1991；尚德库，等，1992；李大纲，1997；李延军，等，2005；李梁，等，2009；Liu，1989）。当 $E=0.5$ 时，将 $W=W_e$ 在 $\tau>0$ 时代入方程式(2.49) 中，即可得到方程式 (2.47) 的简化方程：

$$E=1-2\left(\frac{D_{ls,z}\tau}{\pi a^2}\right)^{1/2} \tag{2.53}$$

则有：

$$D_{ls,z}=\frac{\pi a^2}{4\tau}(1-E)^2 \tag{2.54}$$

无量纲水分转移势 E 可由式(2.54) 计算。

$$E=\frac{\overline{W}-W_e}{W_0-W_e} \tag{2.55}$$

通过式(2.54) 及式(2.55) 可以算出任意时刻木材中水分的扩散系数。

2.4　结果与讨论

2.4.1　木材密度

木材是一种多孔性吸湿性材料，在干燥或热处理的过程中木材的质量和体积会发生一定的变化，最终会引起木材密度的变化。图 2-4 为热处理温度为 200℃、初始含水率为 10%、绝对压力为 0.02MPa、试样厚度为 20mm 下测得的木材平均密度随着时间的变化图。图 2-5 为热处理温度为 180℃、初始含水率为 10%、绝对压力为 0.02MPa、试样厚度为 20mm 下测得的木材平均密度随着时间的变化图。从图 2-4、图 2-5 中可以看出，随着处理时间的延长，西南桦木材的密度均呈下降趋势，木材密度从含水率为 10%时的 544kg/m^3 降至绝干时的 518kg/m^3 左右。在处理时间 1h 之前，木材密度下降的速度较快，表明水分蒸发得也较快；处理时间 1h 后，木材密度下降的速度趋于平缓。

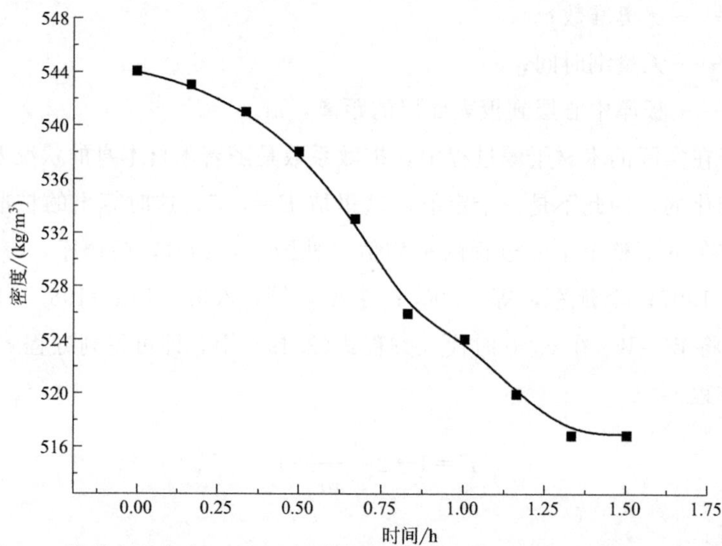

图 2-4　热处理温度为 200℃、初始含水率为 10%、绝对压力为 0.02 MPa、试样厚度为 20mm 条件下真空高温热处理过程中测得的木材密度随时间的演变

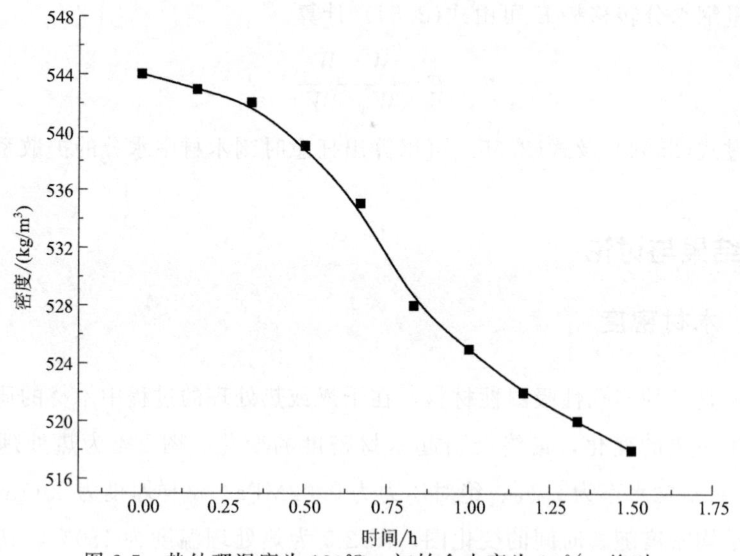

图 2-5　热处理温度为 180℃、初始含水率为 10%、绝对压力为 0.02MPa、试样厚度为 20mm 条件下真空高温热处理过程中测得的木材密度随时间的演变

2.4.2　木材中吸着水扩散系数 D_{ls}

图 2-6 为热处理温度为 200℃、试样厚度为 20mm、初始含水率为 10%、绝对压力为 0.02MPa 条件下木材厚度方向测得的无量纲水分转移势 E 和吸着水扩散系数 D_{ls} 随着时间的演变。图 2-7 为热处理温度为 180℃、试样厚度为 20mm、初始含水率为 10%、绝对压力为 0.02MPa 条件下木材厚度方向测得的无量纲水分转移势（E）和吸着水扩散系数（D_{ls}）随着时间的演变。从图 2-6、图 2-7 中可以看出，随处理时间的延长，木材温度慢慢上升，E 呈下降趋势，而 D_{ls} 则呈上升趋势。其中，木材表面层 E＜1/4 层 E＜中心层 E，而木材表面层 D_{ls}＞1/4 层 D_{ls}＞中心层 D_{ls}。

随着处理时间的延长，木材表面及内部温度提高，E 降低而 D_{ls} 增大，这主要的原因是，随着温度的升高，木材细胞壁中的结合水分子能获得更多的动能，有更多的水分子能摆脱吸附点对它的束缚而产生迁移，从而使水分扩散速度加快，且在一定的含水率下，水分扩散速度与处于活化状态的分子数量成正比（杜国兴，1991）。

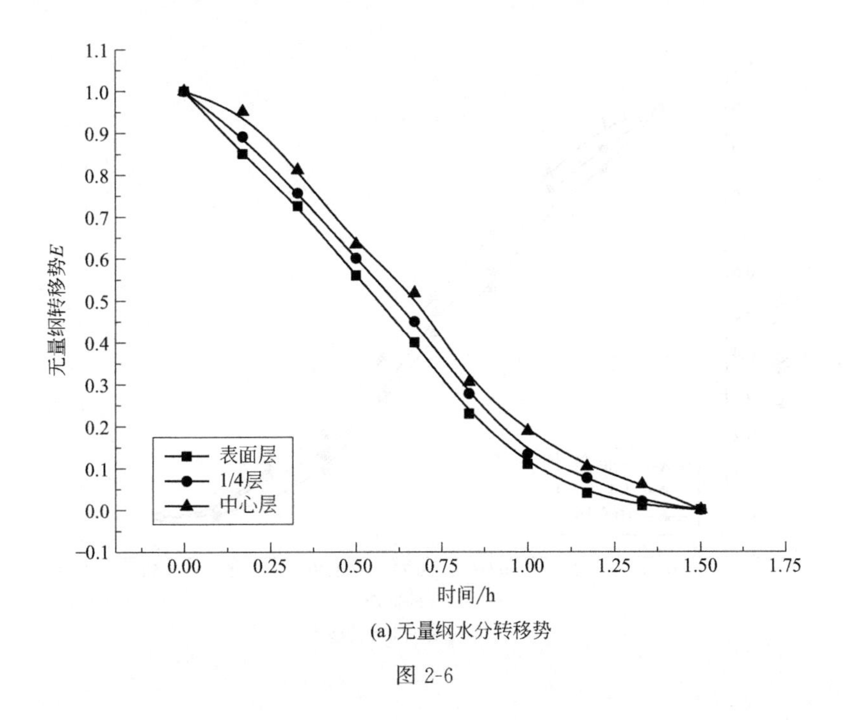

(a) 无量纲水分转移势

图 2-6

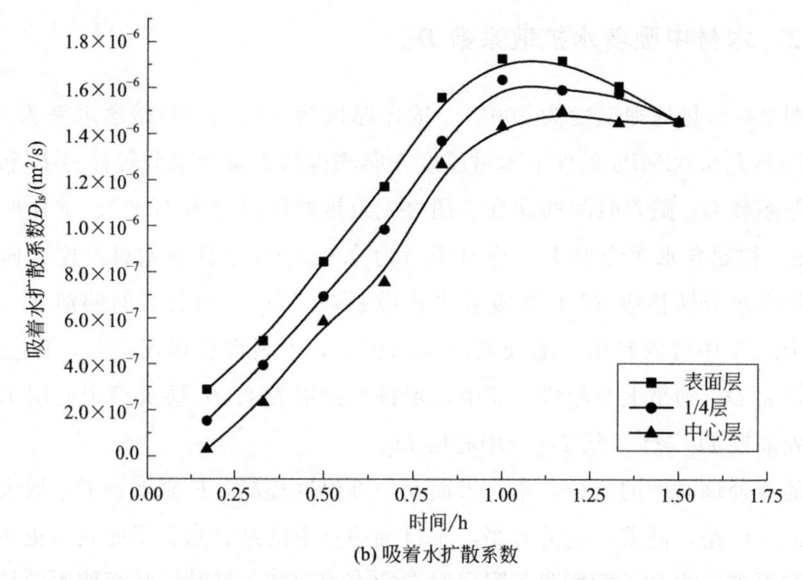

(b) 吸着水扩散系数

图 2-6 热处理温度为 200℃、试样厚度为 20mm、初始含水率为 10%、绝对压力为 0.02MPa 条件下木材厚度方向测得的无量纲水分转移势和吸着水扩散系数随着时间的演变

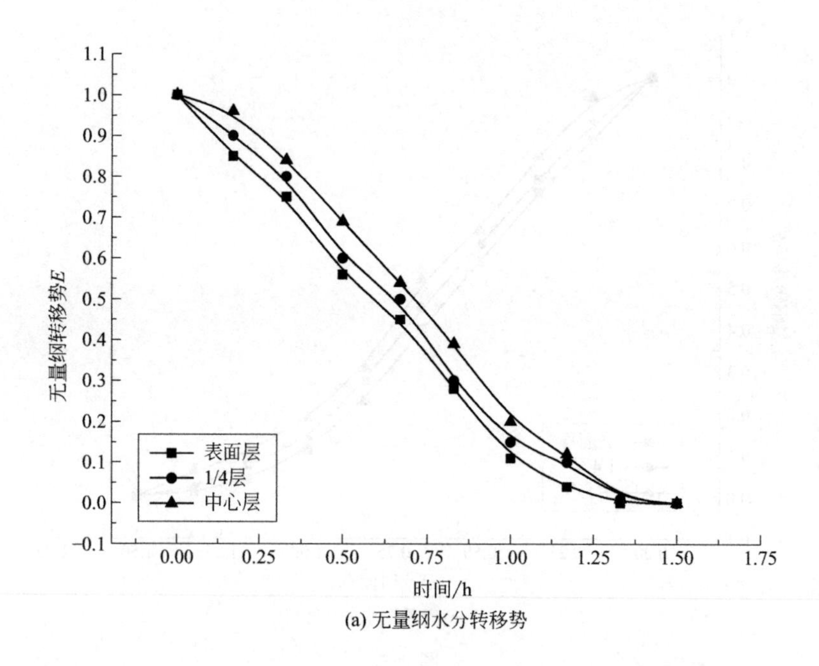

(a) 无量纲水分转移势

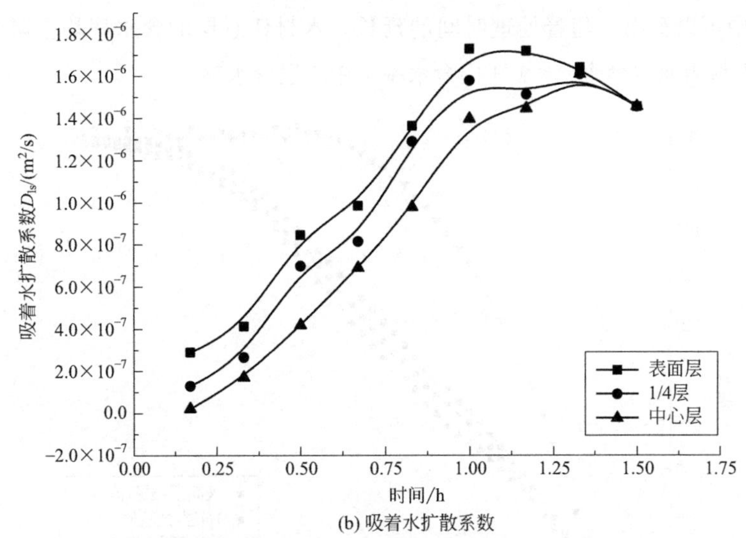

(b) 吸着水扩散系数

图2-7 热处理温度为180℃、试样厚度为20mm、初始含水率为10%、绝对压力为0.02MPa条件下木材厚度方向测得的无量纲水分转移势和吸着水扩散系数随着时间的演变

2.4.3 木材温度随着时间的演变

图2-8为热处理温度为200℃、试样厚度为20mm、初始含水率为10%、绝对压力为0.02MPa条件下木材厚度方向测得的不同层温度随着时间的演变。图2-9为热处理温度为180℃、试样厚度为20mm、初始含水率为10%、绝对压力为0.02MPa条件下木材厚度方向测得的不同层温度随着时间的演变。从图2-8、图2-9中可以看出，辐射板的温度在1h左右时达到目标温度；随着处理时间的延长，木材任意层的温度均呈上升趋势。其中，木材表面层温度>1/4层温度>中心层温度。热处理时间1.5h之前为慢速升温段，此段主要为水分蒸发段；1.5h后木材中水分蒸发完毕，升温速度加快，此段为快速升温段；表面层温度至目标温度的时间为2h左右。

2.4.4 木材水分随着时间的演变

图2-10为热处理温度为200℃、试样厚度为20mm、初始含水率为10%、绝对压力为0.02 MPa条件下木材厚度方向测得的不同层含水率随着时间的演变。图2-11为热处理温度为180℃、试样厚度为20mm、初始含水率为10%、绝对压力为0.02 MPa条件下木材厚度方向测得的不同层含水率随着时间的演变。从图2-10、

图 2-11 中可以看出，随着处理时间的延长，木材任意层的含水率均呈降低趋势。其中，木材表面层含水率＜1/4 层含水率＜中心层含水率。

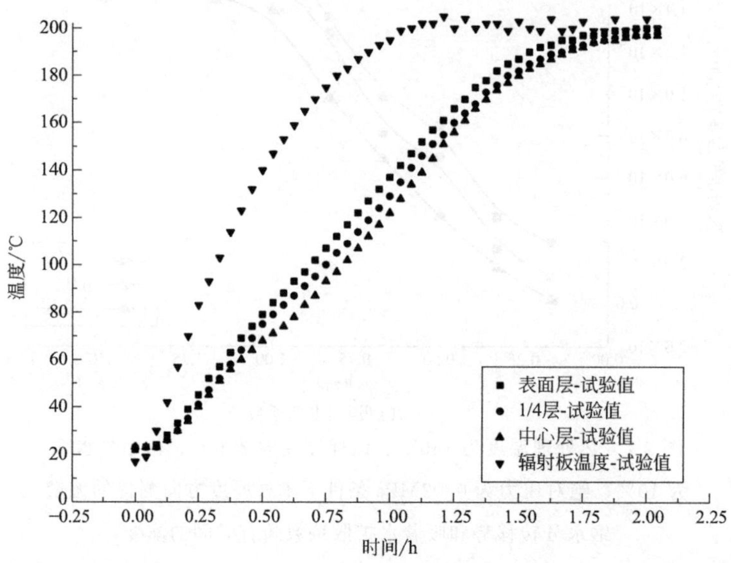

图 2-8　热处理温度为 200℃、试样厚度为 20mm、初始含水率为 10%、绝对压力为 0.02MPa 条件下木材厚度方向测得的不同层温度随着时间的演变

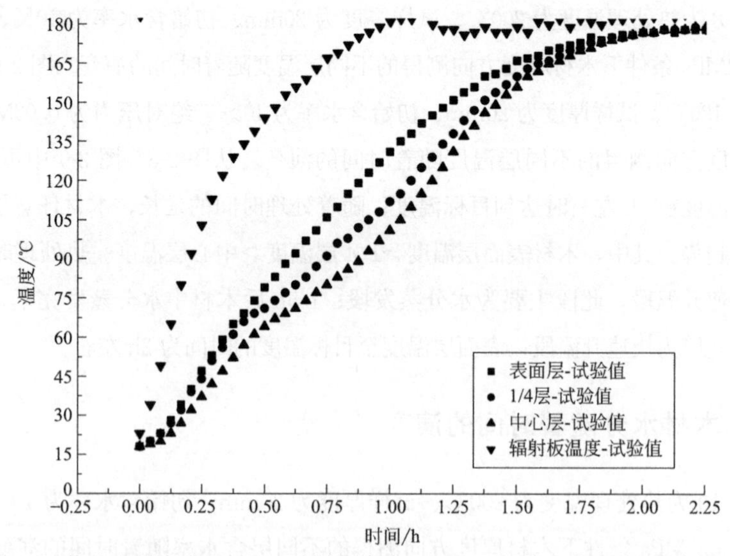

图 2-9　热处理温度为 180℃、试样厚度为 20mm、初始含水率为 10%、绝对压力为 0.02MPa 条件下木材厚度方向测得的不同层温度随着时间的演变

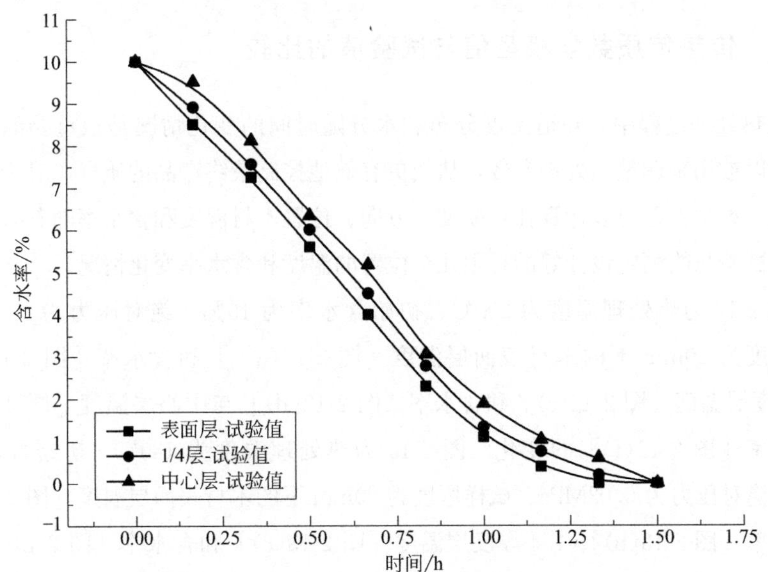

图 2-10　热处理温度为 200℃、试样厚度为 20mm、初始含水率为 10 %、绝对压力为 0.02 MPa 条件下木材厚度方向测得的不同层含水率随着时间的演变

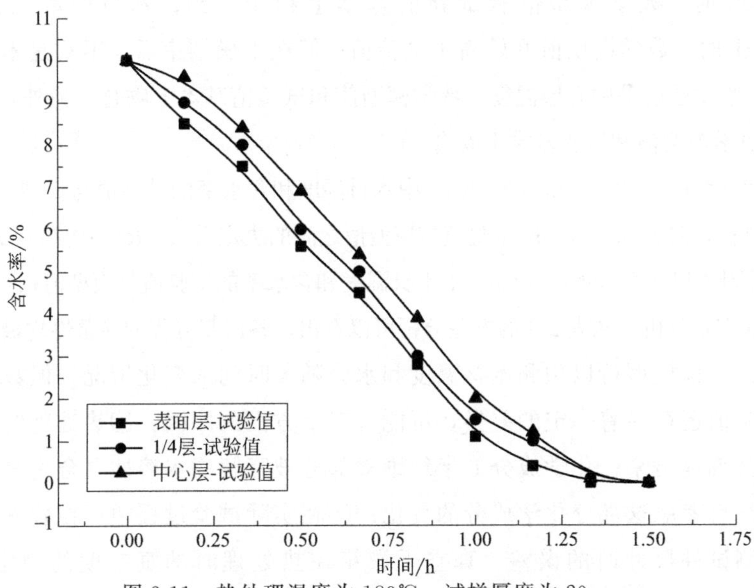

图 2-11　热处理温度为 180℃、试样厚度为 20mm、初始含水率为 10 %、绝对压力为 0.02 MPa 条件下木材厚度方向测得的不同层含水率随着时间的演变

2.4.5 传热传质数学模型值与试验值的比较

在热处理过程中，知道温度分布和水分随时间的变化情况是很重要的，这些信息可以被用来调整热处理参数，从而更有效地控制最终产品的质量。对于数学模型来说，数学模型可以计算任意厚度、方向、位置木材温度和含水率随着时间的演变，而试验只能测定设计好的有限几个位置的温度和含水率变化情况。

图 2-12 为热处理温度为 200℃、初始含水率为 10%、绝对压力为 0.02MPa、试样厚度为 20mm 下的木材表面层温度［图 2-12(a)］和含水率［图 2-12(b)］、1/4 厚度层温度［图 2-12(c)］和含水率［图 2-12(d)］与中心层温度［图 2-12(e)］和含水率［图 2-12(f)］的变化。图 2-13 为热处理温度为 180℃、初始含水率为 10%、绝对压力为 0.02MPa、试样厚度为 20mm 下的木材表面层温度［图 2-13(a)］和含水率［图 2-13(b)］、1/4 厚度层温度［图 2-13(c)］和含水率［图 2-13(d)］与中心层温度［图 2-13(e)］和含水率［图 2-13(f)］的变化。从图 2-12、图 2-13 中可以看出，在整个升温过程的干燥阶段（即 0～1.5h），不管是木材表面层、1/4 厚度层还是中心层温度，在升温初期数学模型值都要稍低于试验值；木材表面层温度在 0.9～1.0h 时，数学模型值和试验值基本上趋于一致；木材中心层温度在 0.7～0.8h 时，数学模型值开始高于试验值；但在干燥结束后，不管是木材表面层、1/4 厚度层还是中心层温度，数学模型值和试验值基本上吻合。另外，木材含水率的数学模型值和试验基本上吻合。

表 2-2 为图 2-12(a) 和图 2-12(b) 中木材温度和含水率的试验值与模型值相互一元回归方程，温度和含水率的试验值与模型值之间的决定系数（R^2）均在 0.98 以上。表 2-3 为图 2-12 (a) 和图 2-12(b) 中木材温度和含水率的试验值与模型值相互一元回归方程的方差分析，从表 2-3 的方差分析可以看出，各回归方程的显著性均极显著。

因此，该模型可以预测木材温度和水分随着时间的变化情况。但数学模型值和试验值还存在着一定的差异，可能有三个方面的原因：①热处理的过程中抽提物被抽提出来，化学成分如半纤维素部分被降解成水溶性聚合物等，数学模型中没有考虑这部分化学成分的变化；②在实际试验过程中存在着一定的误差，如测试件尺寸时的误差、真空干燥箱在热处理时的真空度的稳定性等；③木材是非均质材料，即便是早晚材管胞是渐变的针叶材或早晚材管孔是均匀的阔叶材散孔材，每一个试样或同一试样不同位置的基本密度和含水率实质上也都不尽相同，导致在升温过程中温度分布可能也不均匀。

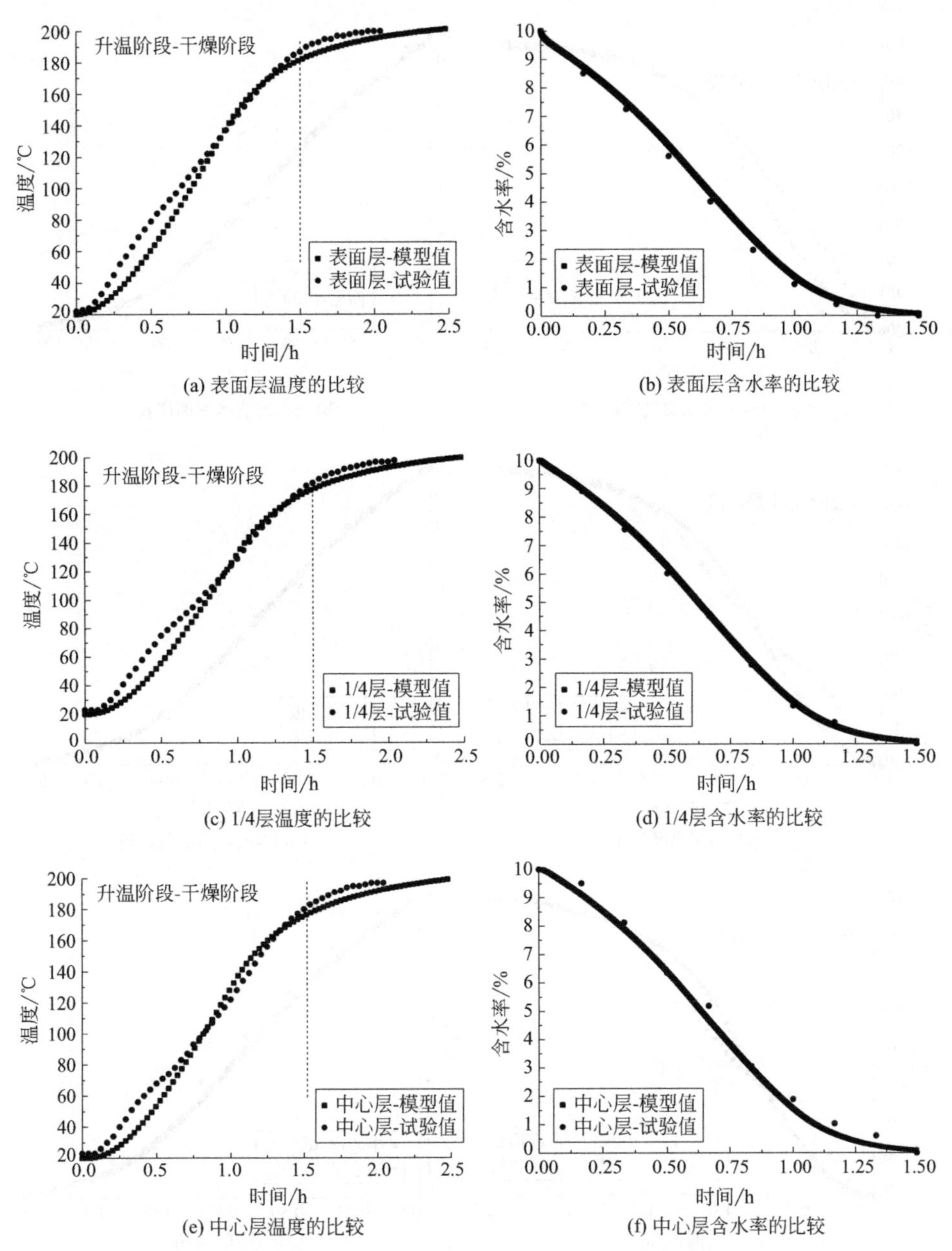

(a) 表面层温度的比较

(b) 表面层含水率的比较

(c) 1/4层温度的比较

(d) 1/4层含水率的比较

(e) 中心层温度的比较

(f) 中心层含水率的比较

图 2-12　热处理温度为 200℃、初始含水率为 10%、绝对压力为 0.02MPa、试样厚度为 20mm 条件下真空高温热处理过程中木材温度和含水率随时间演变的数学模型值和试验值的比较

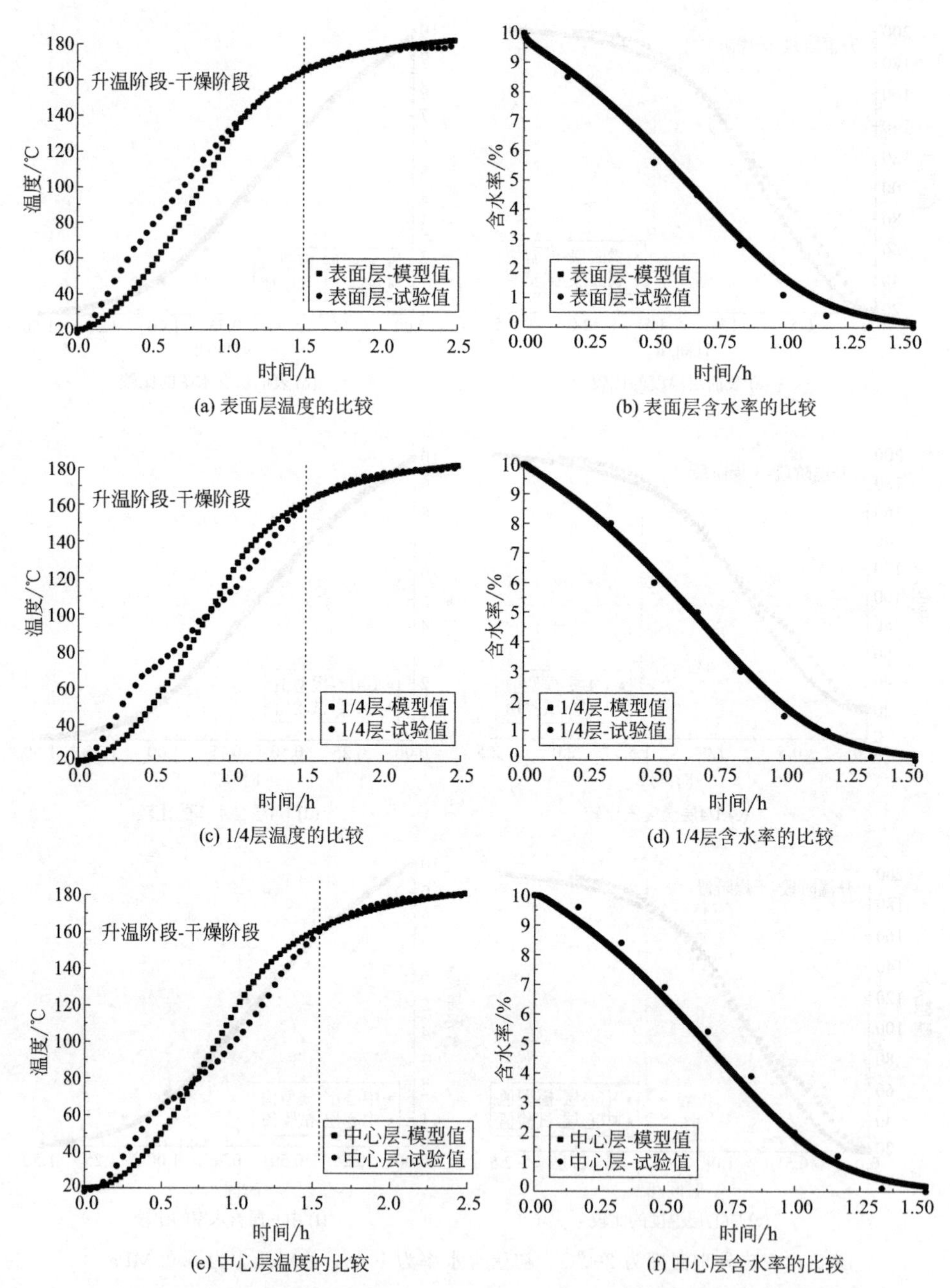

(a) 表面层温度的比较

(b) 表面层含水率的比较

(c) 1/4层温度的比较

(d) 1/4层含水率的比较

(e) 中心层温度的比较

(f) 中心层含水率的比较

图 2-13 热处理温度为 180℃、初始含水率为 10%、绝对压力为 0.02MPa、试样厚度为 20mm 条件下真空高温热处理过程中木材温度和含水率随时间演变的数学模型值和试验值的比较

表 2-2 木材温度和含水率的试验值与模型值相互一元回归方程

指标	因变量 y	自变量 x	回归方程	决定系数 R^2
木材温度	模型值	试验值	① $y=0.4242x+11.34$	0.9877
	试验值	模型值	② $y=2.3286x-26.074$	0.9877
木材含水率	模型值	试验值	③ $y=0.9884x+0.2562$	0.9983
	试验值	模型值	④ $y=1.0100x-0.2521$	0.9983

表 2-3 木材温度和含水率的试验值与模型值相互一元回归方程的方差分析

回归方程	差异源	自由度 DF	平方和 SS	均方和 MS	F 值	P 值	显著性
方程①	模型	1	69791	69791	208.45	<0.0001	极显著
	残余	14	4687.3	334.81			
	总计	15	74478				
方程②	模型	1	65592	65592	231.70	<0.0001	极显著
	残余	14	3963.2	283.09			
	总计	15	69555				
方程③	模型	1	626.54	626.54	587.05	<0.0001	极显著
	残余	9	9.606	1.067			
	总计	10	636.15				
方程④	模型	1	637.85	637.85	611.71	<0.0001	极显著
	残余	9	9.385	1.043			
	总计	10	647.23				

图 2-14 为初始含水率为 0%、热处理温度为 200℃、绝对压力为 0.02MPa、试样厚度为 20mm 下木材表面层温度 [图 2-14(a)]、1/4 厚度层温度 [图 2-14(b)] 和中心层温度 [图 2-14(c)] 的变化。从图 2-14 中可以看出，木材在 200℃热处理温度下，绝干木材表面层、1/4 厚度层和中心层温度变化的数学模型值和试验值吻合性较好，该吻合效果比含水材（图 2-12、图 2-13）的吻合效果要更好一些。原因是，此试样为绝干材，在热处理的过程中没有水分参与到化学成分的水解中去，所以对试样化学成分的降解较少。

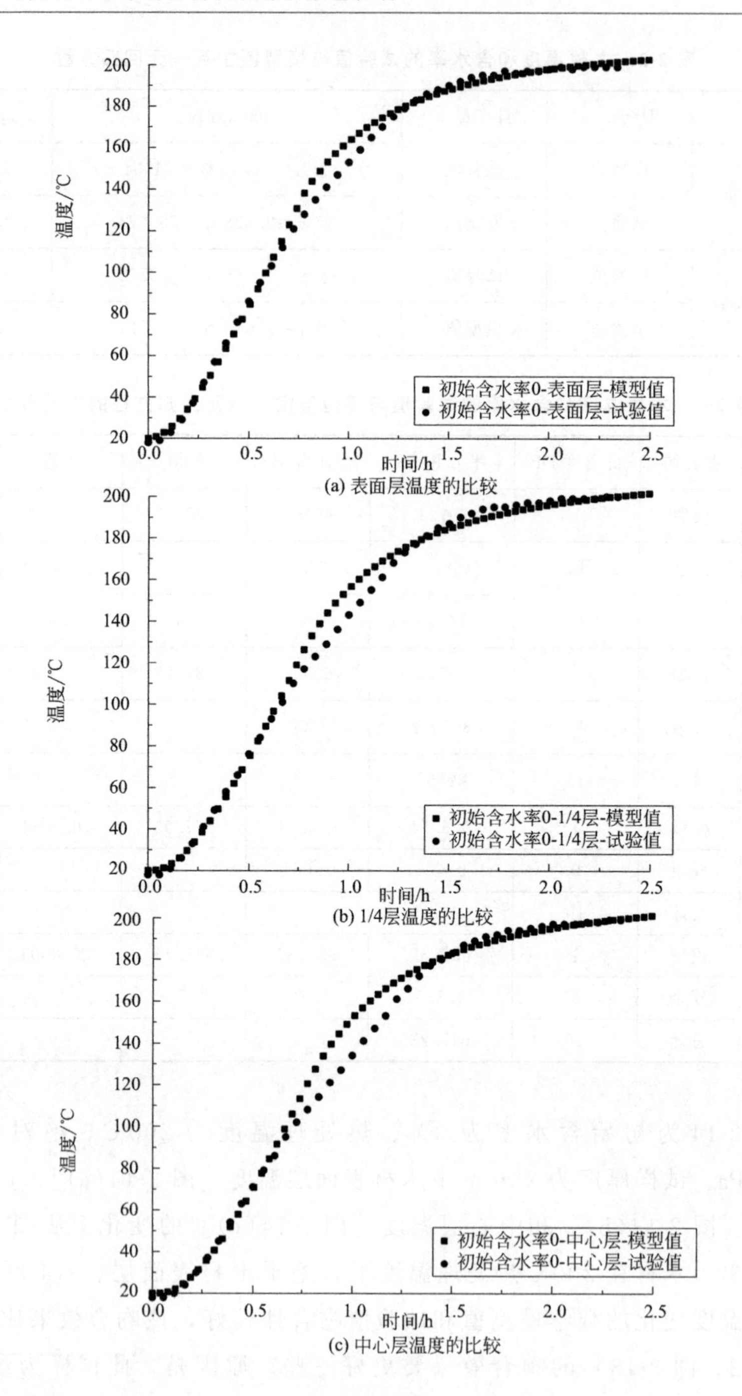

图 2-14 初始含水率为 0 %、热处理温度为 200℃、绝对压力为 0.02MPa、试样厚度为 20mm 条件下真空高温热处理过程中木材温度随时间演变的数学模型值和试验值的比较

2.4.6　木材厚度方向若干位置温度和含水率分布

图 2-15 为厚度为 20mm、热处理温度为 200℃、绝对压力为 0.02MPa、初始含水率为 10％条件下木材厚度方向若干位置温度［图 2-15(a)、(b)］和含水率分布［图 2-15(c)、(d)］的数学模型图。图 2-16 为厚度为 20mm、热处理温度为 200℃、绝对压力为 0.02MPa、初始含水率为 10％条件下木材厚度方向若干位置温度［图 2-16(a)、(b)］和含水率分布［图 2-16(c)、(d)］的实测图。图 2-17 为厚度为 40mm、热处理温度为 200℃、绝对压力为 0.02MPa、初始含水率为 10％条件下木材厚度方向若干位置温度［图 2-17(a)、(b)］和含水率分布［图 2-17(c)、(d)］的数学模型图。从图 2-15～图 2-17 中可以看出，对于木材温度分布而言，在升温过程中，越靠近木材表面，温度越高，也即离表面的距离越远，温度越低。在升温过程中，木材表面层的温度在任意时间下都要比中心层的温度稍高，有两个方面的原因：①辐射热源最先辐射至木材表面，所以木材表面的温度通常较高；②木材的热导率较低，热量从木材表面层传递至内部的速度也慢，所以木材内部的温度总是会低于表面层温度（Younsi，et al.，2006a）。

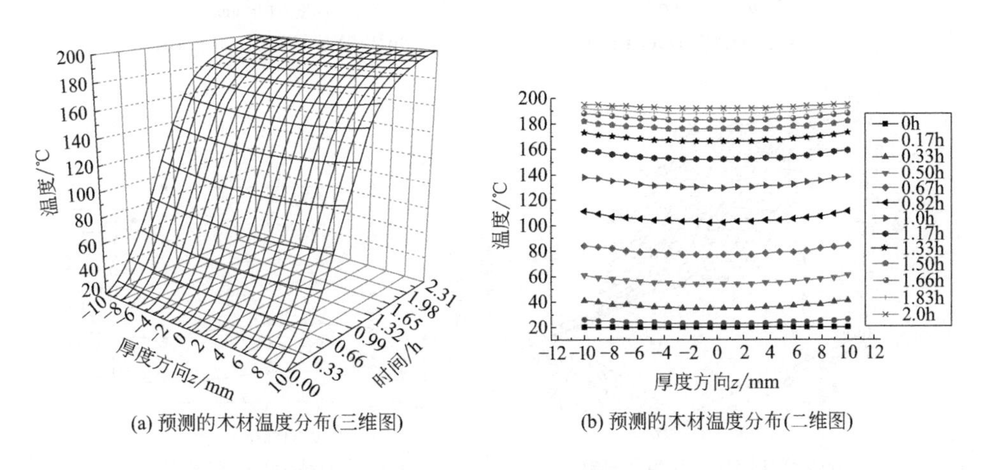

(a) 预测的木材温度分布(三维图)

(b) 预测的木材温度分布(二维图)

图 2-15

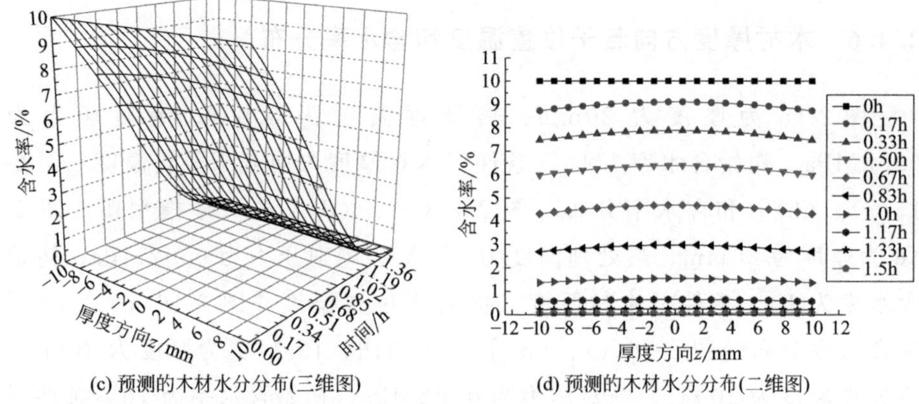

(c) 预测的木材水分分布(三维图)　(d) 预测的木材水分分布(二维图)

图 2-15　试样厚度为 20mm、热处理温度为 200℃、初始含水率为 10%、绝对压力为 0.02MPa 条件下木材厚度方向若干位置预测的温度和含水率分布

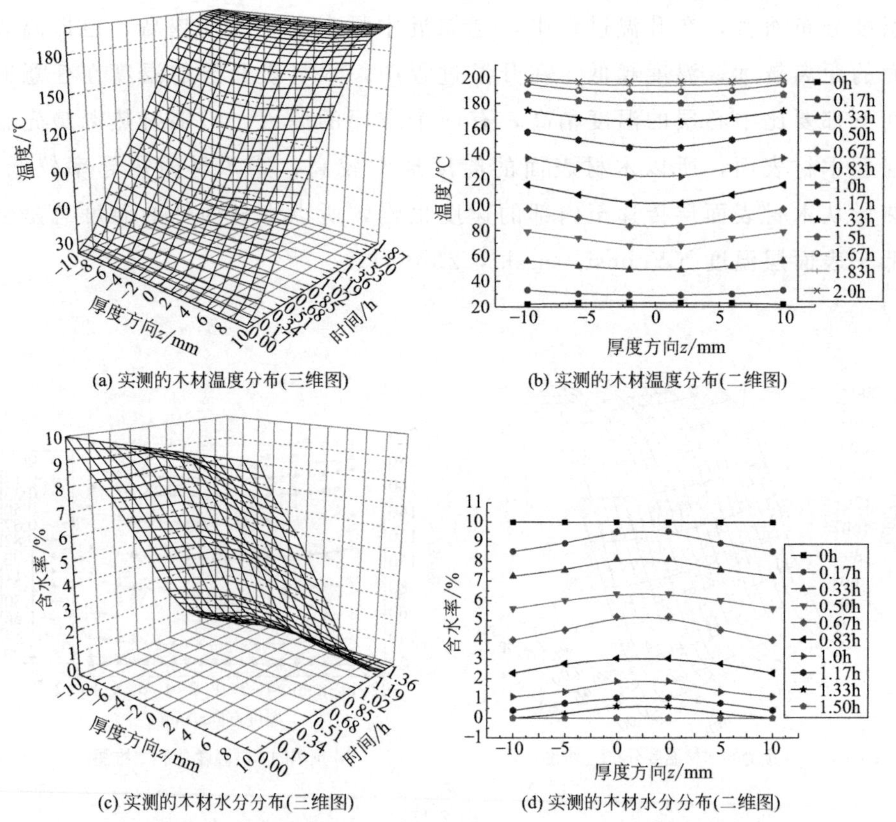

(a) 实测的木材温度分布(三维图)　(b) 实测的木材温度分布(二维图)

(c) 实测的木材水分分布(三维图)　(d) 实测的木材水分分布(二维图)

图 2-16　试样厚度为 20mm、热处理温度为 200℃、初始含水率为 10%、绝对压力为 0.02MPa 条件下木材厚度方向若干位置实测的温度和含水率分布

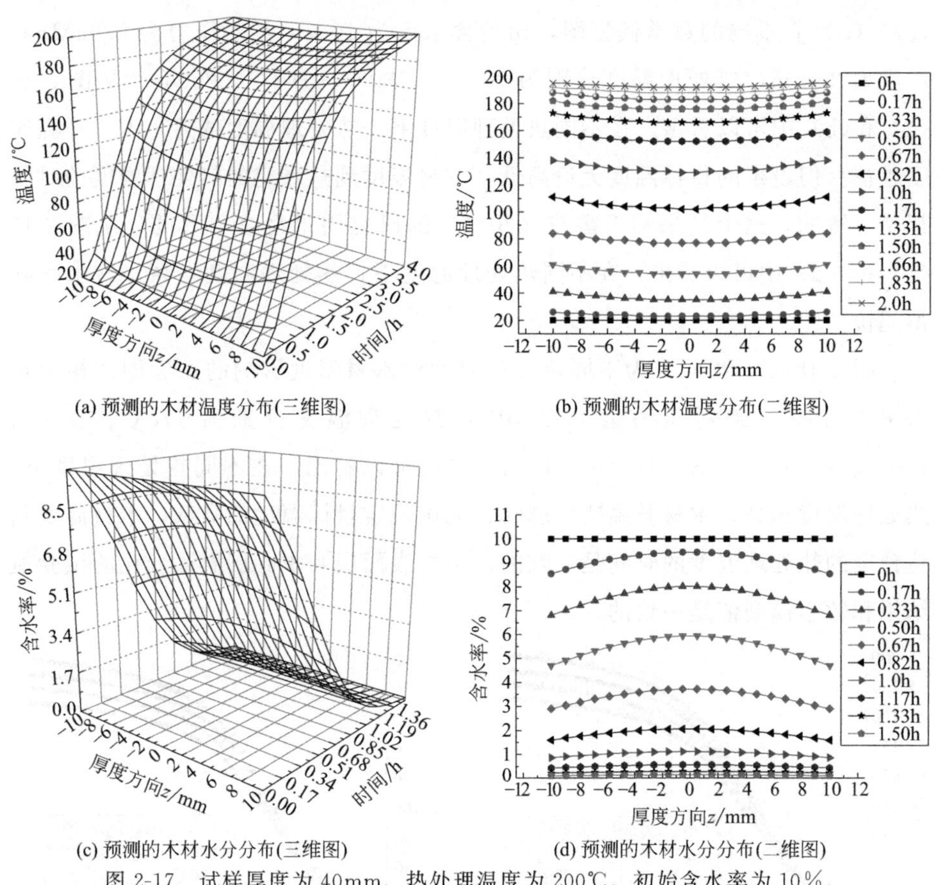

(a) 预测的木材温度分布(三维图)　(b) 预测的木材温度分布(二维图)

(c) 预测的木材水分分布(三维图)　(d) 预测的木材水分分布(二维图)

图 2-17　试样厚度为 40mm、热处理温度为 200℃、初始含水率为 10%、绝对压力为 0.02MPa 条件下木材厚度方向若干位置预测的温度和含水率分布

对于木材含水率分布而言，在升温过程中，越靠近木材表面，水分减少得越快，含水率越低，也就是说离木材表面的距离越远，含水率越高；木材内外含水率梯度在早期较大，随着时间的延长，内外含水率梯度减小；当辐射热源辐射至木材表面时，木材表面的水分就会移出，内部的水分就会根据温度的高低以液体或蒸气的形式迁移到木材的表面，因此就产生了含水率梯度（Younsi, et al., 2006a）。

2.4.7　工艺参数对木材温度和含水率变化的影响

2.4.7.1　不同热处理温度的影响

图 2-18 为不同热处理温度对木材温度［图（a)、（b）］和含水率［图

(c)、(d)] 影响的数学模型图，初始含水率为 10%，绝对压力为 0.02MPa，厚度为 20mm，热处理温度分别为 170℃、180℃、190℃、200℃。从图 2-18 (a) 和(b) 中可以看出，在不同热处理温度下，热处理温度越高，木材升温速度越快。但设定的目标温度无论高低，木材温度到达预定的热处理温度的时间都是一致的，这个结果和王雪花 (2012) 的研究结果也是一致的。从图 2-18 (c) 和 (d) 中可以看出，在不同热处理温度下，热处理温度越高，含水率降得越快。

图 2-18(e) 和 (f) 为不同热处理温度对木材温度影响的试验图，初始含水率为 10%，绝对压力为 0.02MPa，热处理温度分别为 170℃、180℃、190℃、200℃。从图 2-18 (e) 和 (f) 中也可以看出，在不同热处理温度下，热处理温度越高，木材升温速度越快；无论设定目标温度的高低，木材温度到达预定的热处理温度的时间是一致的；木材表面层和中心层温度变化的试验值结果和数学模型值是一致的。

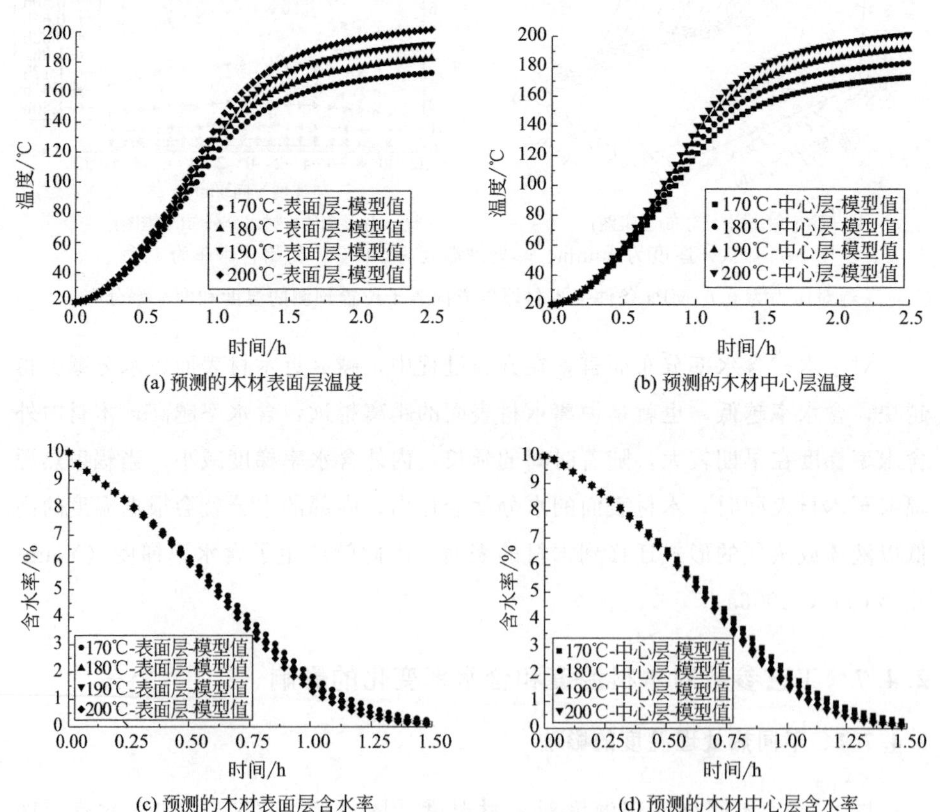

(a) 预测的木材表面层温度

(b) 预测的木材中心层温度

(c) 预测的木材表面层含水率

(d) 预测的木材中心层含水率

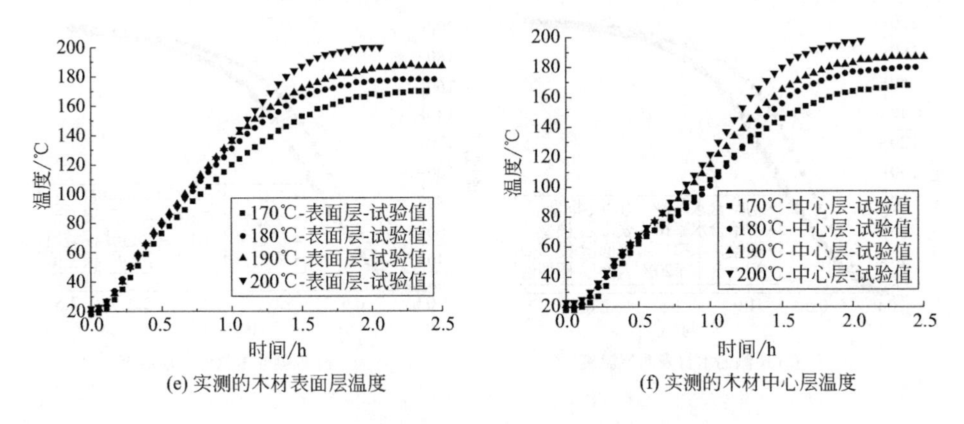

(e) 实测的木材表面层温度　　(f) 实测的木材中心层温度

图 2-18 不同热处理温度对木材温度和含水率的影响

2.4.7.2 不同初始含水率的影响

图 2-19 为不同初始含水率对木材温度［图（a）、（b）］和含水率［图（c）、（d）］影响的数学模型图，热处理温度为 200℃，绝对压力为 0.02MPa，厚度为 20mm，初始含水率分别为 0%、10%、15%、20%。从图 2-19(a) 和（b）中可以看出，对于含有水分的木材而言，不同的初始含水率对木材温度影响较小，不管是在表面层还是在中心层，3 个初始含水率水平下的木材温度上升几乎完全重合在一起，但绝干材和含水分木材相比，绝干材的温度上升较含水分材的温度要明显快得多。从图 2-19（c）和（d）中可以看出，初始含水率越高，水分迁移走所需要的时间就越长，初始含水率的高低对木材内外含水率的降低影响较大。这个结果和 Younsi et al.（2006a；2006b；2006c；2006e；2007b；2008a；2010a）的研究结果是一致的。

图 2-19（e）和（f）为不同初始含水率对木材温度影响的试验图，热处理温度为 200℃，绝对压力为 0.02MPa，初始含水率分别为 0 %、10%。从图 2-19（e）和（f）中也可以看出，绝干材和含水分木材相比，不管是在表面层还是中心层，绝干材的温度上升较含水材的温度要明显快得多，这个结果和数学模型的结果是一致的。

2.4.7.3 不同厚度尺寸的影响

图 2-20 为不同厚度尺寸对木材温度［图（a）、（b）］和含水率［图（c）、

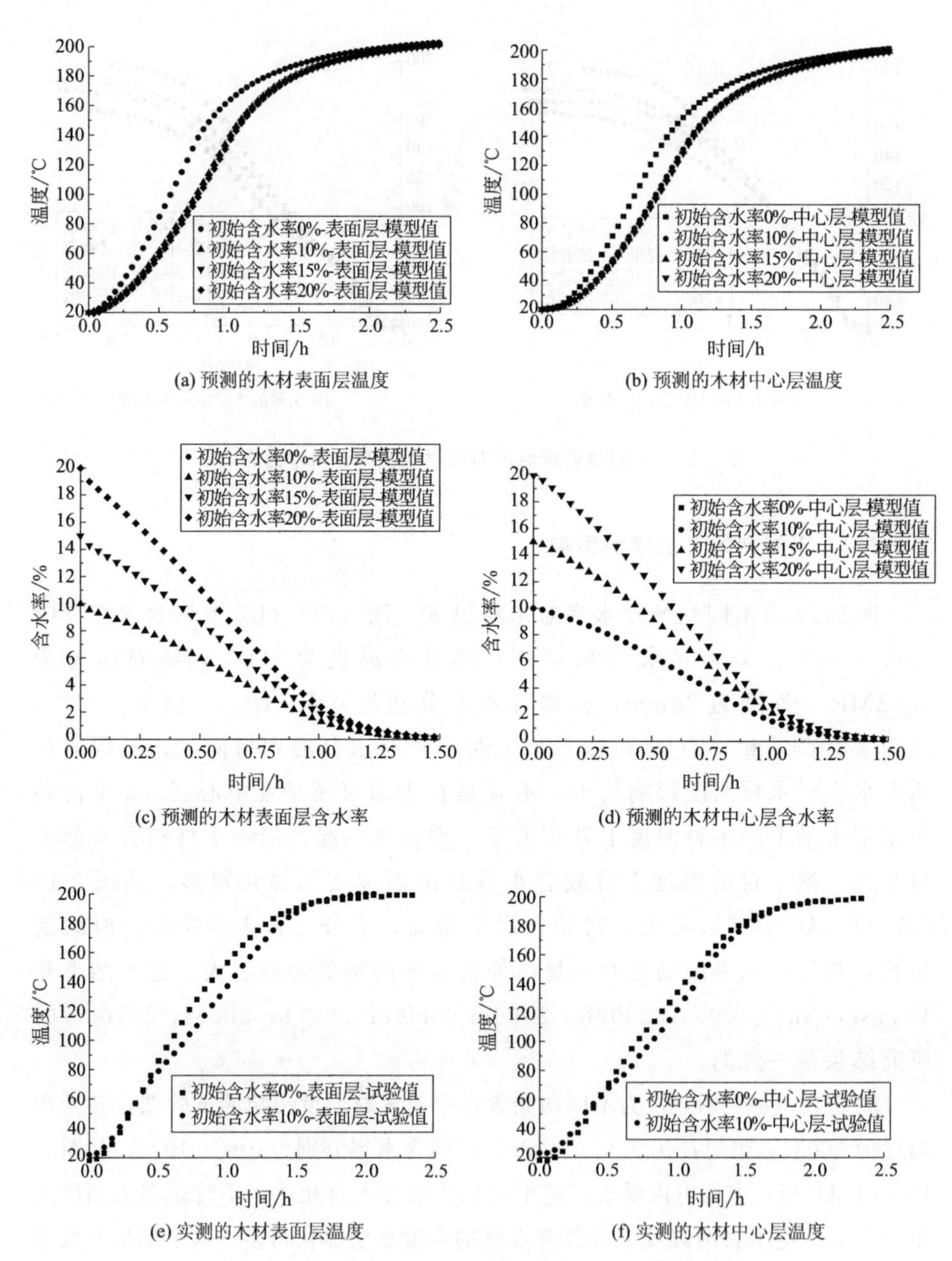

图 2-19　不同初始含水率对木材温度和含水率的影响图

(d)］变化影响的数学模型图，热处理温度为 200℃，绝对压力为 0.02MPa，初始含水率为 10%，木材厚度（z）分别设为 20mm、30mm、40mm。从图 2-

20（a）和（b）中可以看出，在热处理开始时，3 个厚度尺寸大小试样表面层的温度差异不大，但随着时间的延长，升温速率随着木材厚度的增加而减缓，40mm 厚度试样的升温速度是最慢的，20mm 厚度试样的升温速度是最快的；对于中心层而言，木材越薄，升温速度越快，从升温开始至目标热处理温度，20mm 厚度试样的升温速度都是最快的。由此可知，木材的厚度对加热过程有一个直接的影响，当木材厚度增加时，木材的温度以低速度上升，则热量到达木材中心层的距离就增加，由于木材的热导率低，因此升至目标温度所需要的时间就变长，相反当木材厚度减小，热量到达木材中心层的距离就减小，升温时间变短。从图 2-20(c）和（d）中可以看出，厚度尺寸大小对试样含水率的影响较大，不管是在表面层还是在中心层，40mm 厚度试样的含水率降低速度都是最慢的，20mm 厚度试样的降低速度都是最快的，这个结果和 Younsi et al.（2006a；2006b；2006c；2006e；2008a）的研究结果是一致的。由此可知，为了驱使木材中的水分出来，内部的水分就必须扩散至木材的表面，当木材的厚度减小时，木材中的水分迁移得就快，含水率降低的速度相应地也就变得比较快，当木材尺寸增大，水分扩散过程所经历的时间就会延长。

图 2-20（e）和（f）为不同厚度尺寸对木材温度影响的试验图，热处理温度为 200℃，绝对压力为 0.02MPa，初始含水率为 10%，木材厚度分别设为 20mm 和 40mm。从图 2-20(e）和（f）中也可以看出，在热处理开始时，两个厚度尺寸大小的试样表面层的温度差异不大，但随着时间的延长，木材的升温速率随着木材厚度的增加而减缓，这个结果和数学模型的结果是一致的。

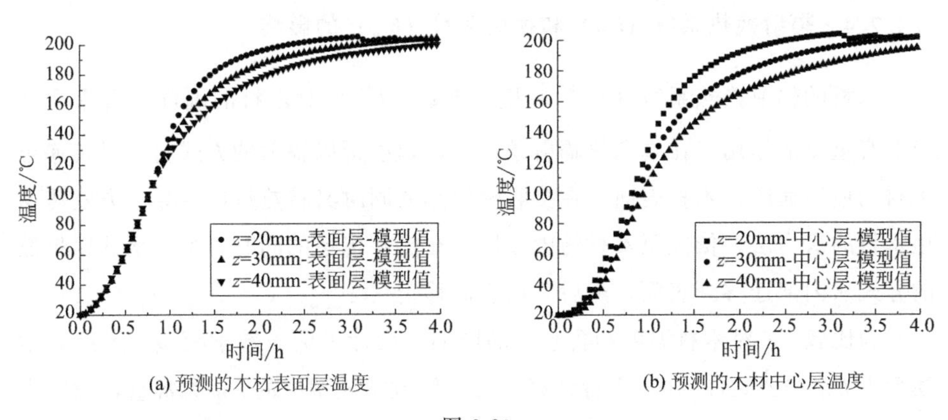

(a) 预测的木材表面层温度　　(b) 预测的木材中心层温度

图 2-20

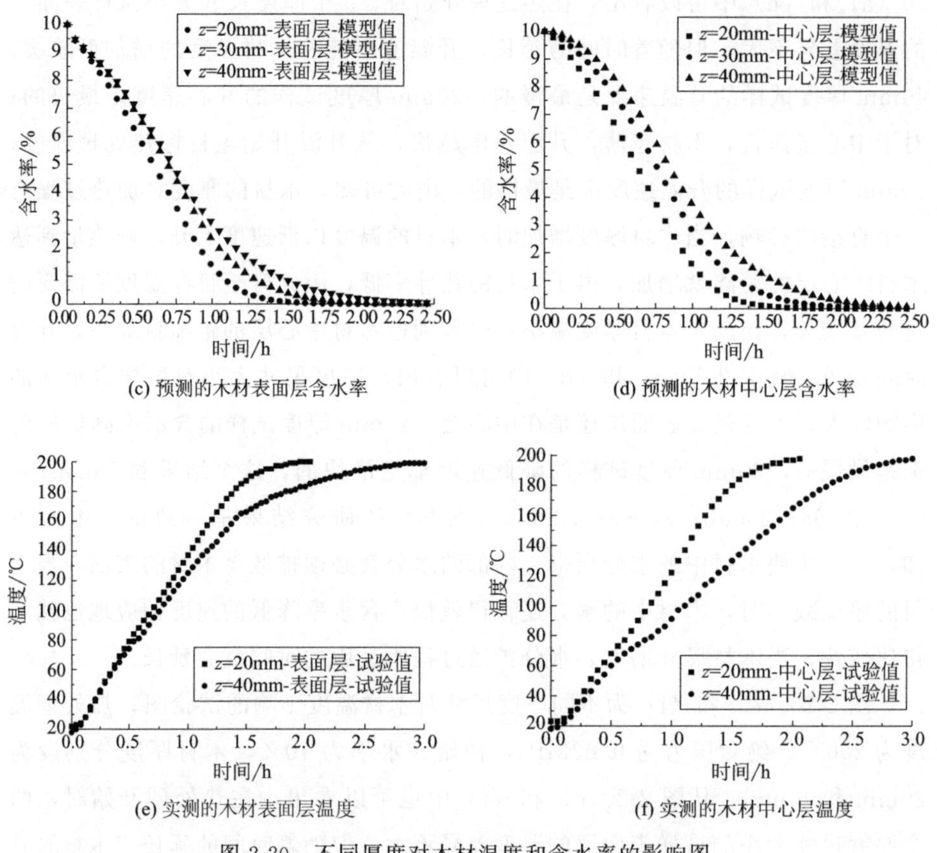

(c) 预测的木材表面层含水率

(d) 预测的木材中心层含水率

(e) 实测的木材表面层温度

(f) 实测的木材中心层温度

图 2-20 不同厚度对木材温度和含水率的影响图

2.4.7.4 辐射换热系数（h_R）和换质系数（h_m）的影响

木材的辐射换热系数（h_R）和换质系数（h_m）对木材的温度及含水率的影响有重要的作用。在真空热辐射条件下，辐射板以辐射的方式将热量传递至木材的最表面层，木材表面层在接收辐射热的同时又将热量以传导的方式传递至木材的次内层，依次至木材的中心层；在热量传递的同时，木材水分以扩散的方式从内部迁移到表面，然后又从表面移走。

为比较 h_R 对木材温度和含水率的影响，设计了两组数学模型，一组数学模型中 h_R 按公式(2.40) 进行计算，另一组数学模型中的 h_R 为常量，设三个常量，分别为 0.2W/(m^2 · K)、0.5W/(m^2 · K)、1W/(m^2 · K)。图 2-21 为 h_R 对木材温度［图 (a)、(b)］和含水率［图 (c)、(d)］影响的数学模型的比较，热处理温度为 200℃、绝对压力为 0.02MPa、初始含水率为 10%、厚度为 20mm。从图 2-21（a）和（b）中可以看出，h_R 越大，辐射板传递给木材表面的热量就越多，所以随着 h_R 的增大，木材表面层温度和中心层温度都是增大的，但总体上来说影响不是很大，这个结果和 Younsi et al.（2006a；2006b；2010a）的研究结果是一致的。从图 2-21（c）和（d）中可以看出，h_R 对木材含水率的影响比较大，h_R 越大，辐射板传递给木材表面的热量就越多，相应地水分的蒸发速度就加快，所以随着 h_R 的增大，不管是木材表面含水率还是中心层含水率都快速降低，这个结果和 Younsi et al.（2010a）的研究结果是一致的。

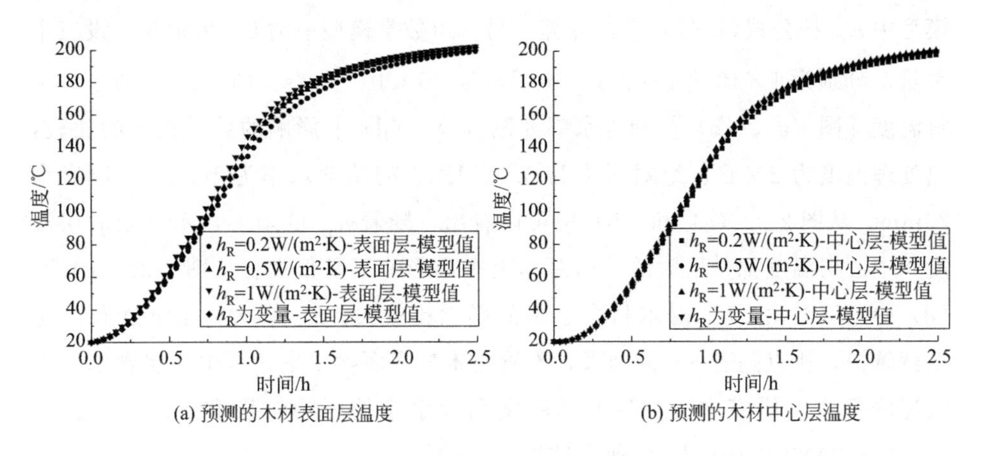

(a) 预测的木材表面层温度　　(b) 预测的木材中心层温度

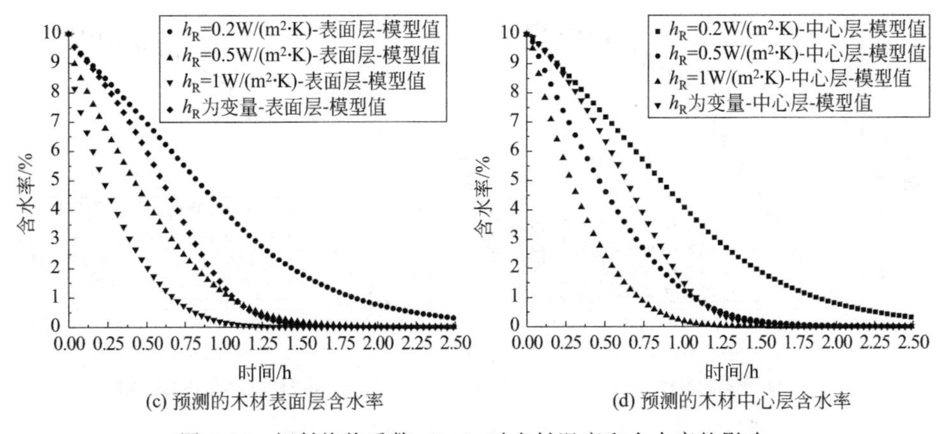

(c) 预测的木材表面层含水率　　(d) 预测的木材中心层含水率

图 2-21　辐射换热系数（h_R）对木材温度和含水率的影响

水分迁移的多少取决于换质系数（h_m）的大小和含水率梯度的大小，为了驱使走水分，木材表面和传热介质的含水率梯度必须足够大才能驱使此过程的进行。如果传热介质的含水率非常高，接近饱和，则含水率梯度就会较小，这样水分就不容易被移走。同理，如果 h_m 较小，从表面移至传热介质的水分就会慢，也即这个过程需要花费更长的时间才能完成，但如果水分从表面迁移至传热介质太快，则木材内部的水分扩散至表面就快，表面和内部的含水率差异就变得大，这样会导致木材的收缩变形（Younsi，et al.，2006a）。

为比较 h_m 对木材温度和含水率的影响，设计了两组数学模型，一组数学模型中 h_m 按公式(2.41) 进行计算，另一组数学模型中的 h_m 为常量，设三个常量，分别为 1×10^{-6}m/s、3×10^{-6}m/s、6×10^{-6}m/s。图 2-22 为 h_m 对木材温度［图 (a)、(b)］和含水率［图 (c)、(d)］影响的数学模型的比较，热处理温度为 200℃、绝对压力为 0.02MPa、初始含水率为 10.3%、厚度为 20mm。从图 2-22 (a) 和 (b) 中可以看出，随着 h_m 的增大，木材表面层温度和中心层温度都是增大的，但总体上来说影响不是很大。从图 2-22 (c) 和 (d) 中可以看出，h_m 对木材含水率的影响比较大，h_m 越大，水分迁移的速度就越快，所以随着 h_m 的增大，不管是木材表面含水率还是中心层含水率都快速降低。本研究中 h_m 对木材温度和含水率的影响结果和 Younsi et al.(2006a；2006b；2010a) 的研究结果是一致的。

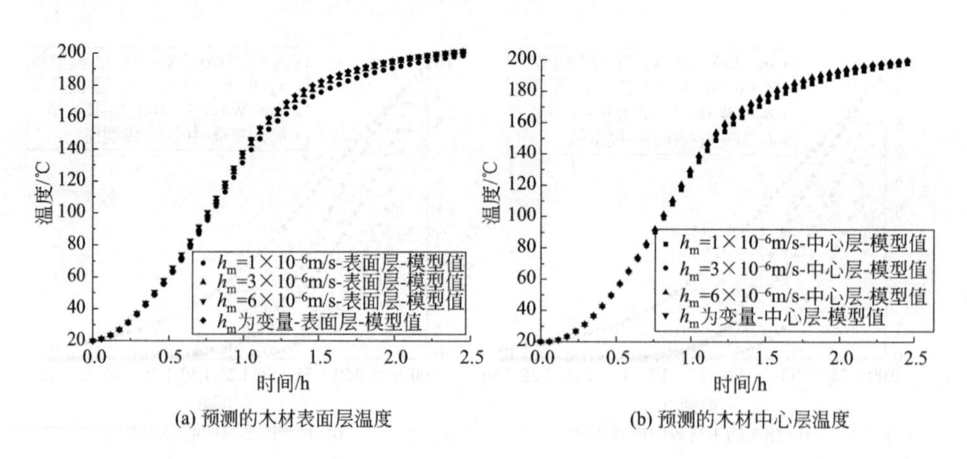

(a) 预测的木材表面层温度

(b) 预测的木材中心层温度

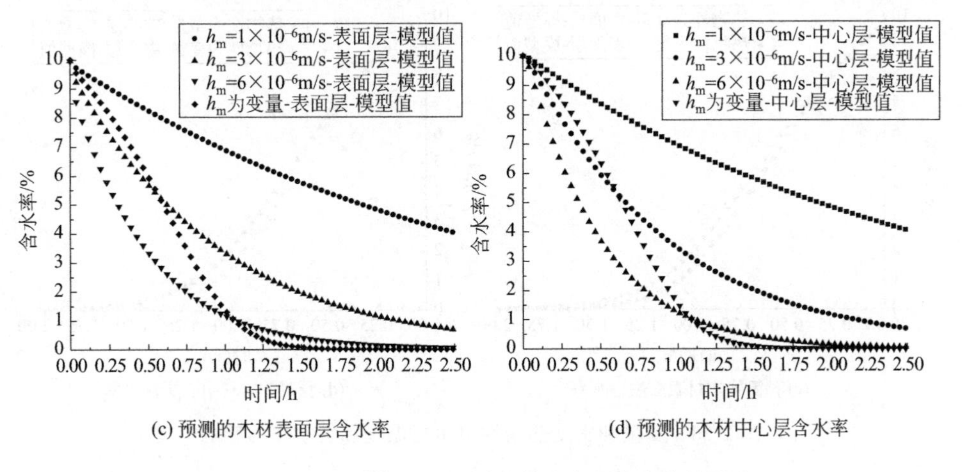

(c) 预测的木材表面层含水率　　(d) 预测的木材中心层含水率

图 2-22　换质系数（h_m）对木材温度和含水率的影响

2.4.7.5　变量和常量热物性的影响

木材的热物性（密度 ρ、比热容 c、热导率 λ）对温度及含水率有重要的作用。为比较变量热物性和常量热物性对木材温度和含水率的影响，设计了两组数学模型，一组数学模型中热物性为变量，密度 ρ、比热容 c、热导率 λ 分别按公式(2.32)、公式(2.33) 和公式(2.36) 进行计算；另一组数学模型中的热物性为常量，西南桦木材气干密度为 540kg/m^3，比热容为 1500J/(kg・K)，热导率为 0.13W/(m・K)。

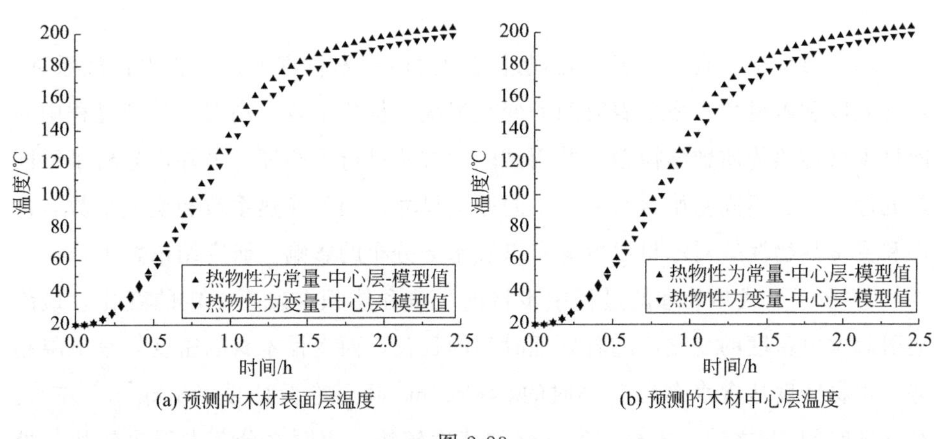

(a) 预测的木材表面层温度　　(b) 预测的木材中心层温度

图 2-23

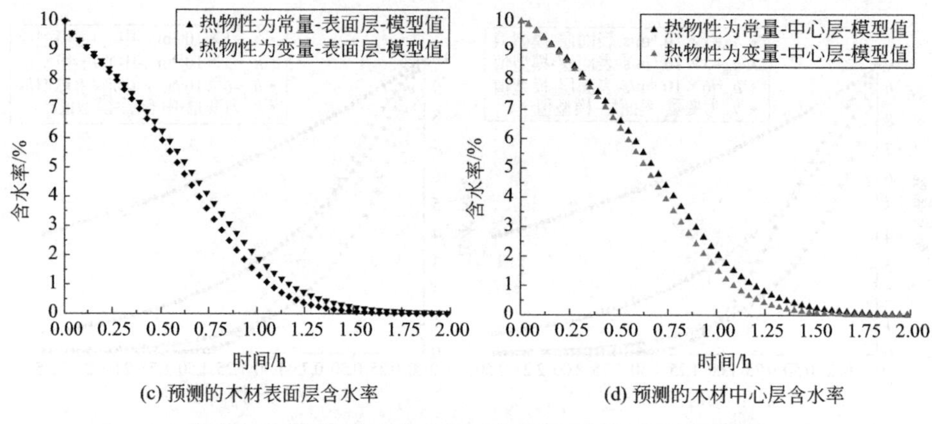

(c) 预测的木材表面层含水率

(d) 预测的木材中心层含水率

图 2-23　变量和常量热物性对木材温度和含水率的影响

图 2-23 为变量热物性、常量热物性对木材温度［图（a）、（b）］和含水率［图（c）、（d）］影响的数学模型的比较，热处理温度为 200℃、绝对压力为 0.02MPa、初始含水率为 10%、厚度为 20mm。从图 2-23（a）～（d）中可以看出，不管是试样的表面层还是中心层，热物性为常量的数学模型中温度的上升速度高于热物性为变量所构建的数学模型中温度的上升速度，含水率也高于变量热物性构建的数学模型中的含水率，这和 Younsi et al.（2006a）的研究结果一致。

2.5　小结

本章节分析了真空高温热处理过程中西南桦木材密度、吸着水扩散系数、木材温度和木材含水率随着时间的变化情况；构建了真空高温热处理过程中西南桦木材传热传质数学模型，并用试验的方法进行了验证；另外，分析了不同热处理温度、不同初始含水率、不同厚度尺寸、辐射换热系数和换质系数、常量和变量热物性等对木材温度分布以及水分分布的影响。研究结论如下：

① 在干燥或热处理的过程中木材的质量和体积会发生一定的变化，最终会引起木材密度的变化。随着处理时间的延长，西南桦木材的密度均呈下降趋势，木材密度从含水率为 10%时的 544kg/m^3 降至绝干时的 518 kg/m^3 左右。在处理时间 1h 之前，木材密度下降的速度较快，表明水分蒸发得也较快；处理时间 1h 后，木材密度下降的速度趋于平缓。

② 随处理时间的延长，木材温度慢慢上升，E 呈下降趋势，而 D_{ls} 则呈上升趋势。其中，木材表面层 E＜1/4 层 E＜中心层 E，而木材表面层 D_{ls}＞1/4 层 D_{ls}＞中心层 D_{ls}。

③ 随着处理时间的延长，木材任意层的温度均呈上升趋势。其中，木材表面层温度＞1/4 层温度＞中心层温度。热处理时间 1.5h 之前为慢速升温段，此段主要为水分蒸发段；1.5h 后木材中水分蒸发完毕，升温速度加快，此段为快速升温段；表面层温度至目标温度的时间为 2h 左右。

④ 随着处理时间的延长，木材任意层的含水率均呈降低趋势。其中，木材表面层含水率＜1/4 层含水率＜中心层含水率。

⑤ 本章节构建了真空高温热处理过程中西南桦木材热量传递和水分迁移方程，并将数学模型值和试验值进行了比较，数学模型和试验所计算的温度和含水率的吻合性较高。但还存在着一些差异，可能是由于热处理过程中发生的化学反应所引起的，模型中没有考虑化学反应的因素；另外，模型假设木材为均质材料，但事实上，即便是早晚材渐变的针叶材以及早晚材管孔大小均匀一致的阔叶材散孔材也不是完全均质的。

⑥ 本章节所构建的数学模型没有考虑自由水的迁移，所以该数学模型仅使用在初始含水率低于 FSP 以下，在这个范围内的数学模型有较高的精度，如果木材的初始含水率高于 FSP，水分迁移方程就不能使用了。

⑦ 系统分析了不同热处理温度、不同初始含水率、不同厚度尺寸、辐射换热系数（h_R）、换质系数（h_m）、常量和变量热物性等对真空高温热处理过程中西南桦木材传热传质数学模型的影响规律。在不同热处理温度下，热处理温度越高，木材升温速度越快，含水率则降得越快；不同的初始含水率对木材温度影响较小，但绝干材的温度上升较含水分材温度的上升要明显快得多，初始含水率越高，含水率降得越慢；木材的升温速率随着木材厚度的增加而减缓，木材中水分降低速度也减缓；随着 h_R 的增大，木材温度升高，木材含水率则快速降低；h_m 对木材温度的影响不是很大，但随着 h_m 的增大，木材含水率快速降低。

第3章
真空热处理过程中木材化学成分变化规律

3.1 概述

通常情况下，热处理会使木材的化学成分发生一定的化学反应，引起化学结构和含量的变化，最终导致木材的物理（如：木材颜色）、力学、化学性质也随之发生变化（曹永建，2008）。另外，在高温热处理条件下，木材中抽提物成分含量及结构也会发生不同的变化，从而引起其各种性能的变化。

本章节通过对真空高温热处理温度和时间对西南桦木材化学成分影响的分析，试图获取西南桦真空高温热处理材化学成分的变化规律，以及三大素和抽提物成分与热处理温度和时间的回归方程，为分析后续的“真空热处理过程中木材化学成分变化控制数学模型”和“木材颜色变化和木材化学成分变化的关系”等内容提供数据支撑。

3.2 试验材料与方法

3.2.1 试验材料及热处理工艺

试验材料为云南省常见材——西南桦木材，热处理前将其加工成规格为150mm（长-轴向）×50mm（宽-弦向）×20mm（厚-径向）的试样，无缺陷。初始含水率为10%左右。

共26个热处理工艺条件，具体的热处理条件见表3-1；加热过程中绝对压力均保持为0.02MPa，分析不同热处理工艺条件对木材化学成分和颜色的影响。热处理时间从木材表面温度达到设定温度时开始计时，热处理时间结束关闭真空干燥箱电源，待温度降到 60℃左右卸掉真空，打开箱门。每组热处理温度下设 1 组对照试样。其中，热处理时间为 0h 组试样是指木材表面温度达到设定温度时停止加热的试样。

将表 3-1 中试件编号为 6～25 的热处理材及对照材粉碎至 40～60 目的木粉，用于综纤维素含量、纤维素含量和木质素含量的测定，编号为 10、15、20 和 25 的热处理材及对照组还用于冷水抽提物含量、热水抽提物含量、苯-醇抽提物含量的测定。

表 3-1　热处理工艺条件

试件编号	热处理温度/℃	热处理时间/h	试样个数/个
CN	对照组		10
1～5	160	0,1,2,3,4	10
6～10	170	0,1,2,3,4	10
11～15	180	0,1,2,3,4	10
16～20	190	0,1,2,3,4	10
21～25	200	0,1,2,3,4	10

3.2.2　试验方法

3.2.2.1　综纤维素含量的测定

综纤维素含量的测定依据的是国家标准《造纸原料综纤维素含量的测定》GB/T 2677.10—1995。综纤维素含量测定装置及得到的综纤维素样见图 3-1。

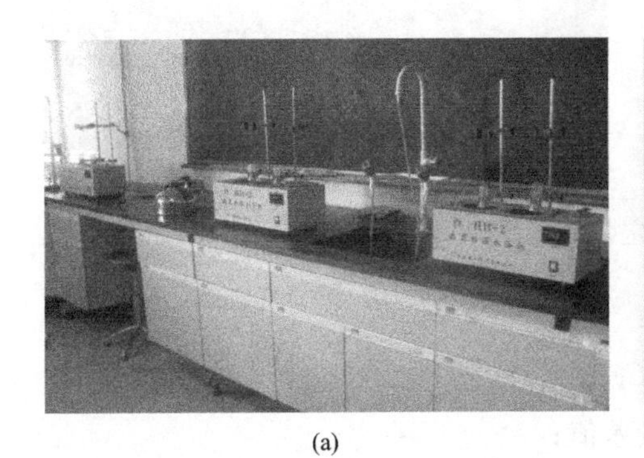

(a)

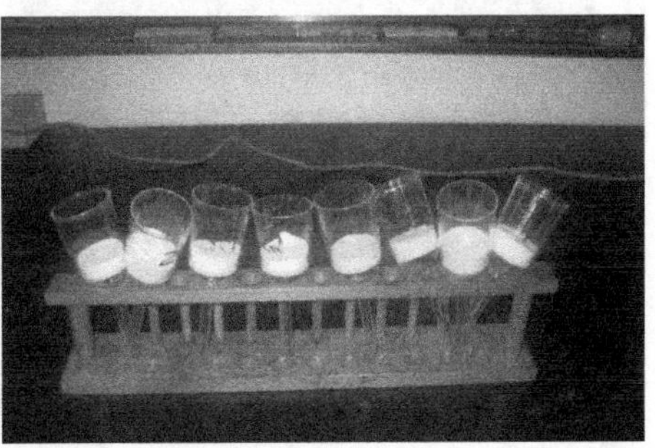

(b)

图 3-1　综纤维素含量测定装置及得到的综纤维素样

综纤维素含量差 ΔHo 的计算公式为：

$$\Delta Ho = Ho_{T} - Ho_{0} \tag{3.1}$$

式中 ΔHo——热处理前后综纤维素含量差值；

Ho_T——热处理后综纤维素含量；

Ho_0——热处理前综纤维素含量。

3.2.2.2 纤维素含量的测定

硝酸-乙醇法（邱坚，等，2016）。

纤维素含量计算公式为

$$X=\frac{G_1-G}{G_2(1-W)}\times 100\% \tag{3.2}$$

式中 X——木粉纤维素含量；

G——烘干的砂芯漏斗质量，g；

G_1——砂芯漏斗连同残渣烘干质量，g；

G_2——木粉质量，g；

W——木粉含水率，%。

纤维素含量测定装置及得到的纤维素样见图 3-2。

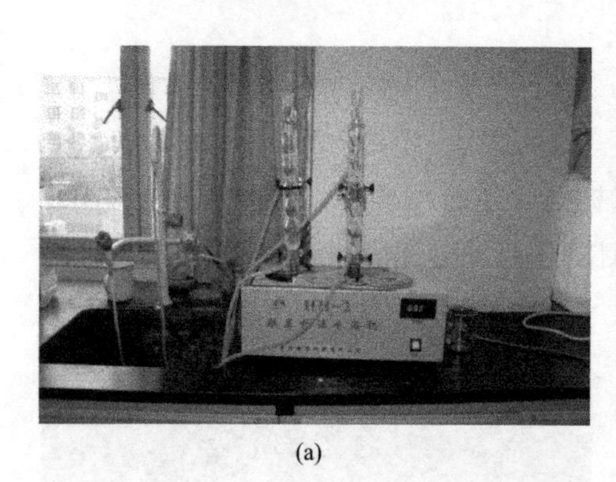

(a)

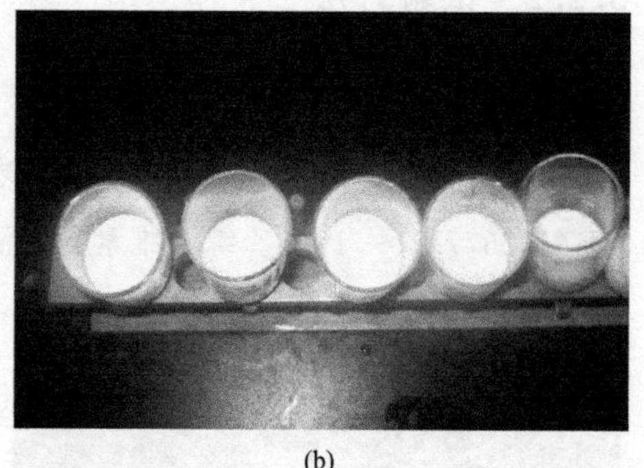

(b)

图 3-2 纤维素含量测定装置及得到的纤维素样

纤维素含量差 ΔCe 的计算公式为：

$$\Delta Ce = Ce_T - Ce_0 \tag{3.3}$$

式中 ΔCe——热处理前后纤维素含量差值；

Ce_T——热处理后纤维素含量；

Ce_0——热处理前纤维素含量。

3.2.2.3　木质素含量的测定

木质素含量的测定依据的是国家标准《造纸原料酸不溶木素含量的测定》GB/T 2677.8—94。木质素含量测定装置及得到的木质素样见图 3-3。

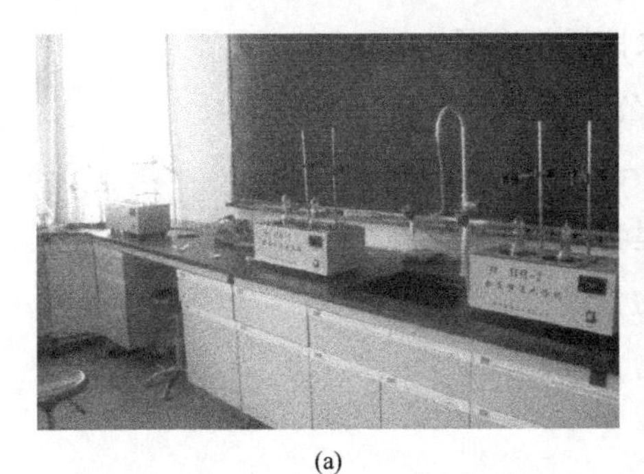

(a)

(b)

图 3-3　木质素含量测定装置及得到的木质素样

木质素含量差 ΔLi 的计算公式为：

$$\Delta Li = Li_{T} - Li_{0} \tag{3.4}$$

式中　ΔLi ——热处理前后木质素含量差值；

Li_{T}——热处理后木质素含量；

Li_{0}——热处理前木质素含量。

3.2.2.4　冷水抽提物含量和热水抽提物含量的测定

冷水抽提物含量和热水抽提物含量的测定依据的是国家标准《造纸原料水抽出物含量的测定》GB/T 2677.4—93。冷水抽提物含量测定装置见图 3-4，热水抽提物含量测定装置见图 3-5。

图 3-4　冷水抽提物含量测定装置

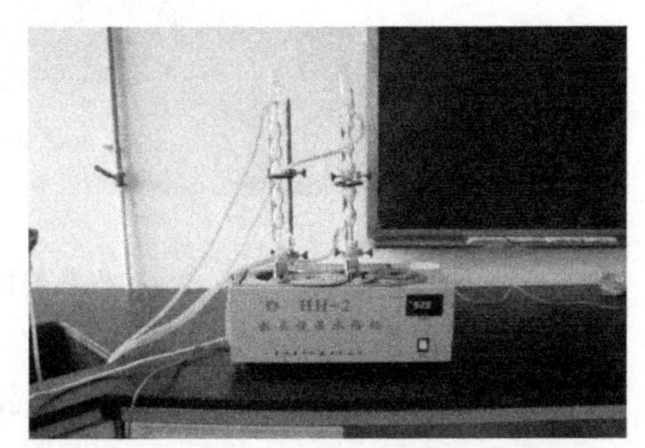

图 3-5　热水抽提物含量测定装置

冷水抽提物含量差 ΔCow 的计算公式为：

$$\Delta Cow = Cow_T - Cow_0 \tag{3.5}$$

式（3.5）中 ΔCow——热处理前后冷水抽提物含量差值；

Cow_T——热处理后冷水抽提物含量；

Cow_0——热处理前冷水抽提物含量。

热水抽提物含量差 $\Delta Hotw$ 的计算公式为：

$$\Delta Hotw = Hotw_T - Hotw_0 \tag{3.6}$$

式中 $\Delta Hotw$——热处理前后热水抽提物含量差值；

$Hotw_T$——热处理后热水抽提物含量；

$Hotw_0$——热处理前热水抽提物含量。

3.2.2.5 苯-醇抽提物含量的测定

苯-醇抽提物含量的测定依据的是国家标准《造纸原料有机溶剂抽出物含量的测定》GB/T 2677.6—94（1994）。苯-醇抽提物含量测定装置见图 3-6。

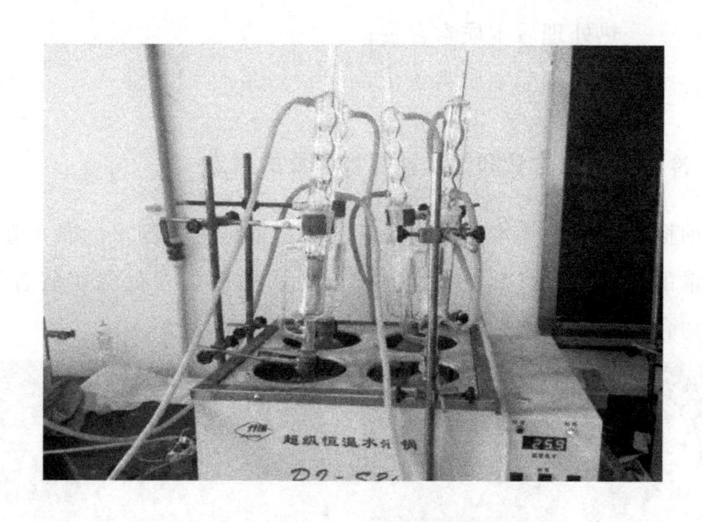

图 3-6 有机溶剂抽提物含量测定装置

苯-醇抽提物含量差 ΔBen 的计算公式为：

$$\Delta Ben = Ben_T - Ben_0 \tag{3.7}$$

式中 ΔBen——热处理前后苯-醇抽提物含量差值；

Ben_T——热处理后苯-醇抽提物含量；

Ben_0——热处理前苯-醇抽提物含量。

3.3 结果与讨论

3.3.1 真空热处理对木材三大素含量的影响

高温热处理通常会引起木材的热降解（Yildiz，et al.，2006；Inari，et al.，2007）。半纤维素具有半结晶性质，当木材在高温条件下加热时，半纤维素比其他细胞壁组分降低的程度都要大。半纤维素的降解主要是由于乙酰基（$CH_3C=O$）的存在，乙酰基（$CH_3C=O$）不稳定，容易导致乙酸的形成，生成的乙酸接下来加速了半纤维素的降解反应，半纤维素对热降解的敏感度预示着半纤维素含量会有一定程度的降低。

表 3-2 为真空高温热处理前后西南桦木材三大素含量的变化。图 3-7～图 3-10 分别为热处理温度和时间对西南桦木材综纤维素含量差（ΔHo）、半纤维素含量差（ΔHe）、纤维素含量差（ΔCe）、木质素含量差（ΔLi）的影响。从表 3-2、图 3-7～图 3-10 中可以看出，真空高温热处理后西南桦木材中综纤维素、半纤维素、纤维素含量降低，木质素的相对含量增加。

表 3-2　木材化学组分含量变化

三大组分差	热处理温度/℃	各热处理时间的化学组分含量变化/%				
		0h	1h	2h	3h	4h
综纤维素含量差	170	−1.32	−1.71	−2.06	−2.27	−2.60
	180	−2.53	−3.05	−3.47	−3.75	−3.89
	190	−3.46	−3.86	−4.11	−4.95	−6.02
	200	−5.20	−6.13	−6.54	−6.57	−7.74
半纤维素含量差	170	−0.74	−0.99	−1.40	−1.52	−1.83
	180	−1.39	−1.82	−2.18	−2.24	−2.19
	190	−1.72	−1.85	−2.11	−2.91	−3.83
	200	−3.23	−3.73	−4.06	−3.99	−4.98

续表

三大组分差	热处理温度/℃	各热处理时间的化学组分含量变化/%				
		0h	1h	2h	3h	4h
纤维素含量差	170	−0.57	−0.72	−0.66	−0.75	−0.78
	180	−1.14	−1.22	−1.29	−1.51	−1.70
	190	−1.74	−2.01	−2.00	−2.04	−2.19
	200	−1.97	−2.40	−2.48	−2.58	−2.77
木质素含量差	170	1.62	1.95	2.38	2.59	2.68
	180	2.55	2.82	3.14	3.72	3.57
	190	3.31	4.24	4.93	5.05	5.17
	200	4.98	6.08	6.84	7.74	8.65

从图 3-7 和图 3-8 中可以看出，热处理时间保持不变时，温度在 180℃及以下时，随着热处理温度的升高，木材综纤维素、半纤维素相对含量的降低不明显；当温度高于 180℃时，随着热处理温度的升高，综纤维素和半纤维素相对含量降低速度加快。热处理温度保持不变时，随着处理时间的增加，综纤维素、半纤维素的相对含量均缓慢降低；综纤维素和半纤维素相对含量在热处理温度为 190℃、热处理时间为 2h 时，开始随时间的延长急剧下降，表明温度越高，综纤维素、半纤维素热降解所需要的时间就越少。

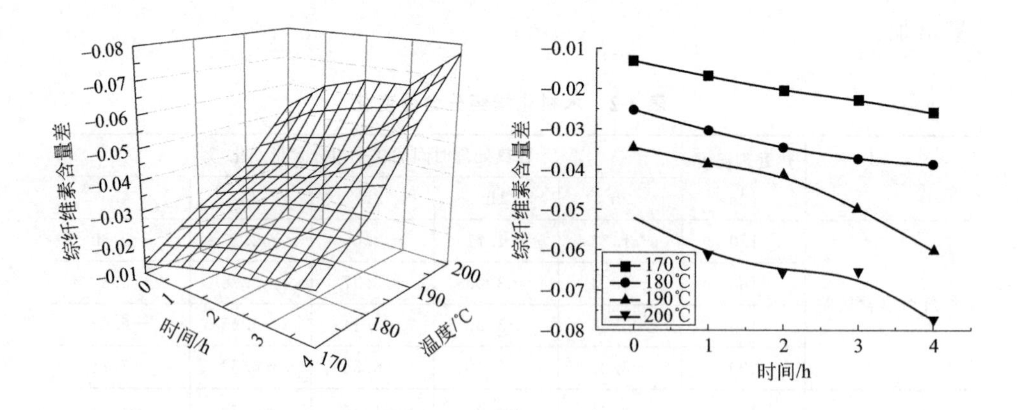

图 3-7 热处理温度和时间对西南桦木材综纤维素含量差的影响

从图 3-9 中可以看出，在相同热处理时间条件下，随着热处理温度的升高，纤维素相对含量的降低趋势较为平缓；在相同热处理温度条件下，纤维素

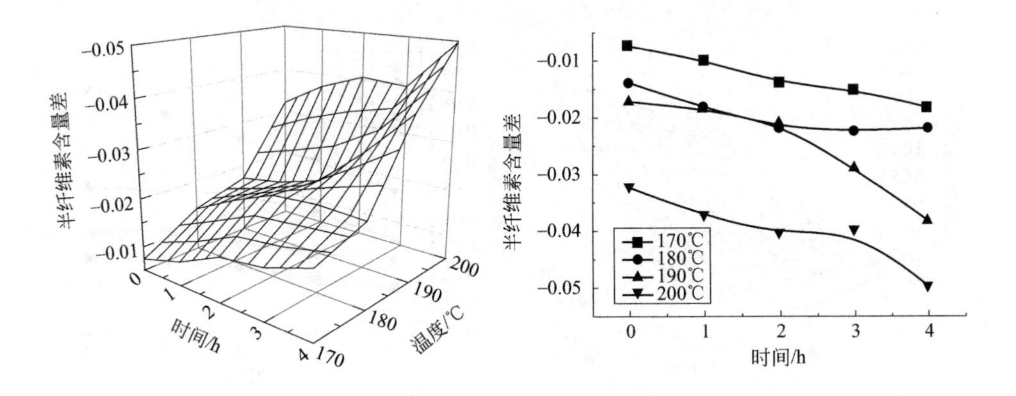

图 3-8　热处理温度和时间对西南桦木材半纤维素含量差的影响

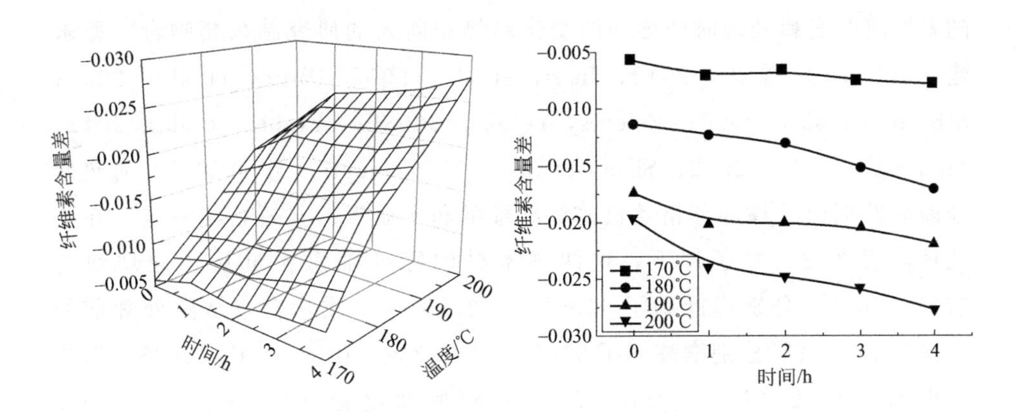

图 3-9　热处理温度和时间对西南桦木材纤维素含量差的影响

的相对含量随着处理时间的延长均缓慢下降，表明纤维素的耐热性比半纤维素好（Brito，et al.，2008）。因此，可以得出结论，西南桦热处理材综纤维素含量的下降主要是由半纤维素的降解引起的。

从图 3-10 中可以看出，在相同热处理时间条件下，温度为 180℃及以下时，随着热处理温度的升高，木质素相对含量的增加趋势较为平缓；当温度高于 180℃时，随着热处理温度的升高，木质素相对含量也呈现明显增加的趋势。在相同热处理温度条件下，随着处理时间的延长，特别是在热处理温度为 180℃以上时，木质素相对含量呈直线上升。

本研究中，西南桦木材综纤维素、半纤维素、纤维素和木质素的相对含量

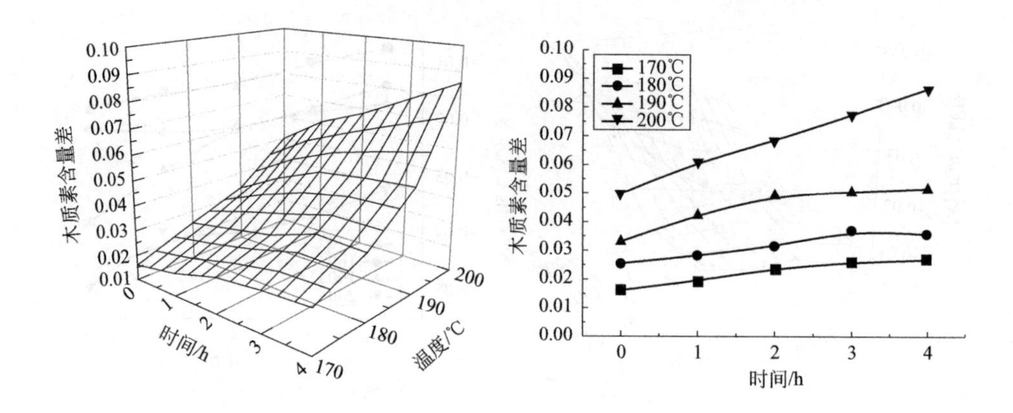

图 3-10 热处理温度和时间对西南桦木材木质素含量差的影响

随着处理温度和处理时间增加的变化趋势和前人的研究结果相吻合（曹永建，2008；王雪花，2012；Inari，et al.，2007；Brito，et al.，2008；Mburu，et al.，2008；Esteves，et al.，2008b；Akgül，et al.，2012；Mohareb，et al.，2012；Silva，et al.，2015）。Inari et al.（2007）对热处理前后欧洲山毛榉和苏格兰松的综纤维素和木质素含量进行了测定，在热处理温度为 240℃条件下，这两种木材的综纤维素含量从热处理前的 77%、76.8%分别降低到了 60.5%、52.5%，木质素含量从热处理前的 24.3%、26.4%分别增高到了 39.5%、46.3%。Brito et al.（2008）对热处理前后柳桉（*Eucalyptus saligna*）和加勒比松（*Pinus caribaea* var. *hondurensis*）的化学成分含量进行了测定，发现这两种木材的阿拉伯糖、甘露糖、半乳糖、木糖等多糖的含量随着热处理温度的升高而降低，在热处理温度为 180℃条件下，柳桉总的多糖的含量从 16.4%降低到 10.2%，加勒比松总的多糖的含量从 22%降低到 15%，热降解导致了半纤维素含量的降低（Yildiz，et al.，2006；Inari，et al.，2007）；两种木材的葡萄糖含量没有明显的变化，葡萄糖是纤维素的组成单元，葡萄糖含量变化不明显说明纤维素对热的作用不敏感；木质素含量则有很大程度增加，在热处理温度为 180℃条件下，两种木材的木质素含量从热处理前的 27.1%、23.6%分别增加到了 35.9%、29.7%。

木材三大组分中，纤维素性质比较稳定，所以在热的作用下其含量变化不明显。而半纤维素性质稳定性差（刘一星，2006），热处理后最容易受到热降解（Bourgois，et al.，1991；Yildiz，et al.，2005，2006；Brosse，et al.，2010），它的分子量低、无定形性质以及结构多分枝特点使得它和其他成分相比降解得更快，有研究表明，木糖和阿拉伯糖降解的程度要大于其他糖的降解程度（Alén，et al.，1995；Nuopponen，et al.，2004）。半纤维素中的乙酰基在热的条件下容易导致乙酸的形成（Browne，1958；Sivonen，et al.，2002）。由于木质素本身的交联结构，所以和多糖相比它具有较高的热稳定性（Silva，et al.，2015）；热处理过程中木素的降解反应程度远远大于同步进行的交联反应（Kamdem，et al.，1999；2002）；木质素含量的增加主要是半纤维素的热降解所引起的。在木质素热分解的过程中，缩合反应以及自动交联反应也会使热处理材的木质素含量增加，特别是在热处理温度高于 185℃以上时（Boonstra，et al.，2006；Brosse，et al.，2010；Silva，et al.，2015）。但事实上，在高温热处理过程中并不会有木质素产生，这是因为没有产生木质素的条件（王雪花，2012）。

本研究中，根据热处理后西南桦木材化学成分含量变化与热处理温度（t）和时间（τ）的关系，得到西南桦热处理材综纤维素含量差（ΔHo）、半纤维素含量差（ΔHe）、纤维素含量差（ΔCe）和木质素含量差（ΔLi）分别关于热处理温度（t）和时间（τ）的二元回归方程，见表 3-3。

表 3-3　三大素含量差关于热处理温度和时间的二元回归方程

三大素指标值 y	回归方程 x_1 为温度(℃)，x_2 为时间(h)	决定系数 R^2
ΔHo	① $y=-0.001448x_1-0.004573x_2+0.2363$	0.9667
ΔHe	② $y=-0.00086x_1-0.0035x_2+0.1416$	0.8679
ΔCe	③ $y=-0.0005852x_1-0.001145x_2+0.09429$	0.9737
ΔLi	④ $y=0.001522x_1+0.004804x_2-0.2492$	0.9236

表 3-4 为表 3-3 中各化学成分差值二元回归方程拟合效果的评价。从表 3-4 中可以看出，ΔHo、ΔHe、ΔCe、ΔLi 分别与温度（t）、时间（τ）的二元回归方程中，各参数（t、τ 和常量）的回归系数均极显著。因此，上述二元回归方程可以很好地预测出在不同的热处理工艺条件下西南桦化学成分的变化情况。

表 3-4　各化学成分差值二元回归方程拟合效果评价

二元回归方程	参数	t 比率	P 值	显著性
ΔHo	温度	20.644	<0.0001	极显著
	时间	8.250	<0.0001	极显著
	常量	18.119	<0.0001	极显著
ΔHe	温度	9.397	<0.0001	极显著
	时间	4.837	<0.0001	极显著
	常量	8.318	0.0002	极显著
ΔCe	温度	24.349	<0.0001	极显著
	时间	6.025	<0.0001	极显著
	常量	21.090	<0.0001	极显著
ΔLi	温度	13.313	<0.0001	极显著
	时间	5.314	<0.0001	极显著
	常量	11.717	<0.0001	极显著

3.3.2　真空热处理对木材抽提物成分含量的影响

表 3-5 和图 3-11 为西南桦木材各抽提物含量的分析。从表 3-5 和图 3-11 中可以看出，随着热处理温度的升高，西南桦热处理材的冷水抽提物含量和热水抽提物含量均比对照材的冷水抽提物含量和热水抽提物含量有一定程度的降低。西南桦真空热处理材的苯-醇抽提物含量均比对照材有一定的升高，表明热处理后西南桦木材化学成分发生了降解，多糖和单糖在降解的过程中生成了新的低分子物质，如半纤维素的热解会产生一些低分子量的醋酸、水、甲醛、糠醛等物质，在抽提的过程中所有抽提物都从木材中被抽提出来（Poncsák，et al.，2006；Esteves，et al.，2011），从而导致其抽提物的含量增加。这和前人的研究结果相吻合（史蔷，2011；Hakkou，et al.，2006；Windeisen，et al.，2007；Brito，et al.，2008；Mohareb，et al.，2012）。Hakkou et al.（2006）发现山毛榉热处理材中抽提物的含量也明显地增加，并认为这是由于半纤维素的降解所引起的。Brito et al.（2008）对热处理前后柳桉的抽提物含量进行测定，发现随着热处理温度的升高，柳桉抽提物含量明显地增加；这是由于在热降解的作用下，一些新产生的可溶性产物被有机溶剂抽提出来的缘故。Mohareb et al.（2012）对热处理前后松木（*Pinus patula*）的苯-醇抽提

物含量进行测定，发现随着热处理强度的升高，松木的苯-醇抽提物含量明显地增加。

表 3-5　西南桦木材抽提物含量

不同处理工艺	抽提物含量/%		
	冷水	热水	苯-醇
对照组	6.26	8.28	1.47
170℃-4h	4.31	5.68	3.28
180℃-4h	3.79	5.19	3.91
190℃-4h	3.78	4.79	3.90
200℃-4h	2.56	3.09	3.99

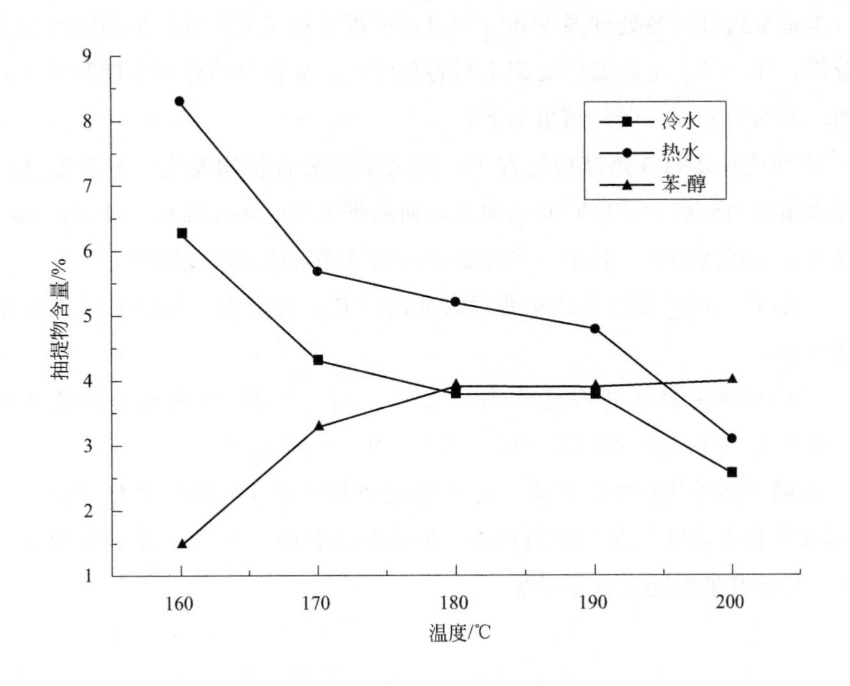

图 3-11　热处理温度对西南桦木材热处理前后抽提物含量的影响

本研究中，根据热处理后西南桦木材抽提物成分含量变化与热处理温度（t）和时间（τ）的关系，得到西南桦热处理材冷水抽提物含量差（ΔCow）、热水抽提物含量差（$\Delta Hotw$）、苯-醇抽提物含量差（ΔBen）分别关于热处理温度（t）的回归方程，见表 3-6。从表 3-6 中可以看出，各回归方程的 R^2 均较低。

表 3-6 各抽提物含量差关于热处理温度的回归方程

三大素指标值 y	回归方程 x 为温度(℃)	决定系数 R^2
ΔCow	①$y=0.0212x-1.622$	0.6914
$\Delta Hotw$	②$y=-0.0817x+11.522$	0.8783
ΔBen	③$y=0.0212x-1.622$	0.6914

3.4 小结

本章节通过对热处理温度和时间对西南桦木材三大素及各抽提物含量影响的分析，建立了真空高温热处理木材各化学成分变化与热处理温度和热处理时间的二元回归方程。研究结果如下：

① 西南桦木材在热处理过程中，三大素组分含量均发生了显著变化。随着处理温度的升高和处理时间的增长，西南桦木材的综纤维素、纤维素和半纤维素含量呈降低趋势，其中，半纤维素受到热降解的影响更明显。

② 随着处理温度的升高和处理时间的增长，西南桦木材的木质素含量呈增加趋势。

③ 得到西南桦热处理材 ΔHo、ΔHe、ΔCe、ΔLi 分别关于热处理温度（t）和时间（τ）的二元回归方程，其 R^2 均在 0.86 以上。

④ 随着热处理温度的升高，冷水提取物和热水提取物的含量均降低，而苯-醇抽提物含量则呈现出增加趋势；说明在降解的过程中生成了新的低分子物质，导致其抽提物的含量增加。

第4章
真空热处理过程中木材化学成分控制数学模型的构建

4.1 概述

热处理过程中木材化学成分变化的多少主要取决于热处理温度和时间，因此，可将第2章中“真空高温热处理过程中木材传热传质数学模型”与第3章中“真空高温热处理木材化学成分变化”联系起来，实现木材化学成分的控制。

因此，真空高温热处理过程中木材化学成分控制数学模型的构建可分三步来完成。

第一步，构建真空高温热处理过程中传热传质数学模型。在本书第2章，给出了热质传递的控制方程、边界条件、初始条件及物理条件，构建了真空高温热处理过程中木材传热传质的数学模型。

第二步，测定热处理前后木材表面的化学成分值，获取木材表面化学成分值（综纤维素含量差、半纤维素含量差、纤维素含量差和木质素含量差）关于热处理温度（t）和时间（τ）的多元线性回归方程（$y=f(t,\tau)$）。在本书第3章，主要分析了真空高温热处理对西南桦木材化学成分的影响，获取了木材表面化学成分值关于热处理温度（t）和时间（τ）的多元线性回归方程（$y=f(t,\tau)$）。

第三步，将第一步中真空高温热处理过程中传热传质数学模型得到的时间（τ）和温度（t）代入到第二步中西南桦木材化学成分值关于热处理温度（t）和时间（τ）的多元线性回归方程（$y=f(t,\tau)$）中，即可知任意时间、任意温度下木材任意空间位置上的化学成分值，进而实现真空高温热处理木材化学成分变化的控制。

通过对“真空热处理过程中木材化学成分变化控制数学模型的构建”，为分析后续的“木材颜色变化和木材化学成分变化的关系”等内容提供了数据支撑。

4.2 假设条件

① 西南桦木材为散孔材，假设该木材每一空间位置的材质是均匀的；

② 假设热处理前后木材每一厚度层上的化学成分的含量是相同的。

4.3 真空高温热处理过程中木材传热传质模型的解

将第 2 章中传热传质数学模型中的空间和时间求解域离散成有限个单元，采用差商代替微商建立差分方程对传热传质的控制方程和边界方程进行求解。

有限差分图如图 4-1 所示。

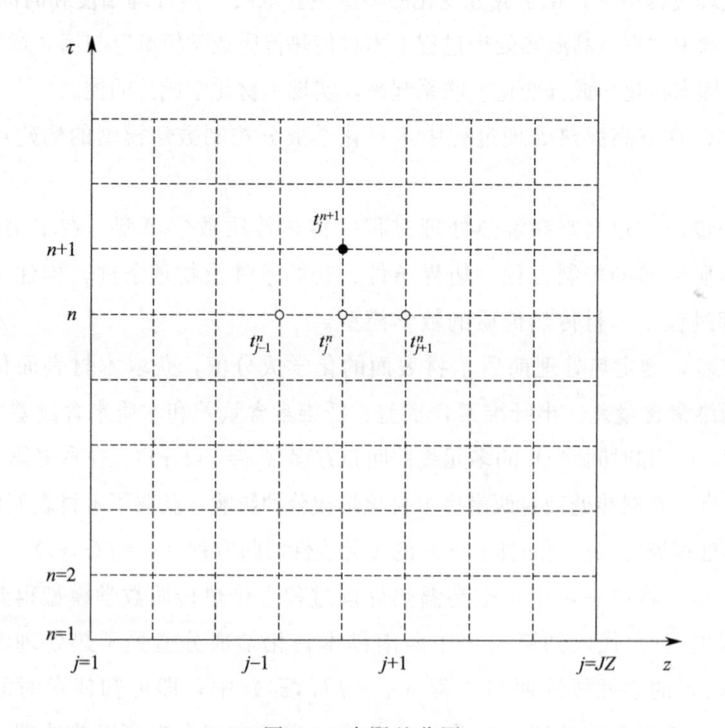

图 4-1 有限差分图

4.3.1　木材高温热处理第一阶段

(1) 热量迁移的差分方程

控制方程的一维（厚度方向）差分形式为：

$$t_j^{(n+1)}=t_j^{(n)}+\frac{\Delta\tau}{(\rho_w c_w)_j^{(n+1)}\Delta z^2}[\lambda_{z,j-1,j}(t_{j-1}^{(n)}-t_j^{(n)})+\lambda_{z,j+1,j}(t_{j+1}^{(n)}-t_j^{(n)})+$$
$$D_{ls,z,j-1,j}\rho_d c_1(W_{j-1}^{(n)}-W_j^{(n)})t_{j-1}^{(n)}+D_{ls,z,j+1,j}\rho_d c_1(W_{j+1}^{(n)}-W_j^{(n)})t_j^{(n)}-$$
$$\dot m_{v,j}^{(n)}\gamma\Delta z^2]$$
$$j=2、3、\cdots、JZ-1,\tau>0 \tag{4.1}$$

表面层边界方程的一维（厚度方向）差分形式为：

$$t_j^{(n+1)}=t_j^{(n)}+\frac{\Delta\tau}{(\rho_w c_w)_j^{(n+1)}\Delta z^2}[\lambda_{z,j+1,j}(t_{j+1}^{(n)}-t_j^{(n)})+$$
$$\Delta z\varepsilon\sigma_0(T_{IR}^4-T_j^4)+\Delta zh(T_{IR}-T_j)+$$
$$D_{ls,z,j+1,j}\rho_d c_1(W_{j+1}^{(n)}-W_j^{(n)})t_j^{(n)}-\dot m_{v,j}^{(n)}\gamma\Delta z^2]$$
$$j=1,\tau>0 \tag{4.2}$$

中心层边界方程的一维（厚度方向）差分形式为：

$$t_j^{(n+1)}=t_j^{(n)}+\frac{\Delta\tau}{(\rho_w c_w)_j^{(n+1)}\Delta z^2}[\lambda_{z,j-1,j}(t_{j-1}^{(n)}-t_j^{(n)})+$$
$$D_{ls,z,j-1,j}\rho_d c_1(W_{j-1}^{(n)}-W_j^{(n)})t_{j-1}^{(n)}-\dot m_{v,j}^{(n)}\gamma\Delta z^2]$$
$$j=JZ=z/2,\tau>0 \tag{4.3}$$

式中　n——当前时刻的前一时刻；

$n+1$——当前时刻；

j——当前位置；

$j-1$——当前位置的前一位置；

$j+1$——当前位置的后一位置；

Δz——空间步长；

$\Delta\tau$——时间步长。

(2) 水分迁移差分方程

控制方程的一维（厚度方向）差分形式为：

$$W_j^{(n+1)}=W_j^{(n)}+\frac{\Delta\tau}{\Delta z^2}\left[D_{ls,z,j-1,j}(W_{j-1}^{(n)}-W_j^{(n)})+D_{ls,z,j+1,j}(W_{j+1}^{(n)}-W_j^{(n)})-\frac{\dot m_{v,j}^{(n)}\Delta z^2}{\rho_d}\right]$$

$$j=2、3、\cdots、JZ-1,\tau>0 \tag{4.4}$$

表面层边界方程的一维（厚度方向）差分形式为：

$$W_j^{(n+1)}=W_j^{(n)}+\frac{\Delta\tau}{\Delta z^2}\left[D_{\mathrm{ls},z,j+1,j}(W_{j+1}^{(n)}-W_j^{(n)})-\Delta z h_{\mathrm{m}} W_j^{(n)}-\frac{\dot{m}_{\mathrm{v},j}^{(n)}\Delta z^2}{\rho_{\mathrm{d}}}\right]$$

$$j=1,\ \tau>0 \tag{4.5}$$

中心层边界方程的一维（厚度方向）差分形式为：

$$W_j^{(n+1)}=W_j^{(n)}+\frac{\Delta\tau}{\Delta z^2}\left[D_{\mathrm{ls},z,j-1,j}(W_{j-1}^{(n)}-W_j^{(n)})-\frac{\dot{m}_{\mathrm{v},j}^{(n)}\Delta z^2}{\rho_{\mathrm{d}}}\right]$$

$$j=JZ=z/2,\tau>0 \tag{4.6}$$

(3) 体积蒸发率的差分方程

控制方程的一维（厚度方向）差分形式为：

$$\dot{m}_{\mathrm{v},j}^{(n+1)}=\frac{\Phi}{\Delta\tau}(\rho_{\mathrm{v},j}^{(n+1)}-\rho_{\mathrm{v},j}^{(n)})-\frac{D_{\mathrm{vs},j-1,j}(\rho_{\mathrm{v},j-1}^{(n)}-\rho_{\mathrm{v},j}^{(n)})+D_{\mathrm{vs},j+1,j}(\rho_{\mathrm{v},j+1}^{(n)}-\rho_{\mathrm{v},j}^{(n)})}{\Delta z^2}]$$

$$j=2、3、\cdots、JZ-1,\tau>0 \tag{4.7}$$

表面层边界方程的一维（厚度方向）差分形式为：

$$\dot{m}_{\mathrm{v},j}^{(n+1)}=\frac{\Phi}{\Delta\tau}\left[(\rho_{\mathrm{v},j}^{(n+1)}-\rho_{\mathrm{v},j}^{(n)})-\frac{D_{\mathrm{vs},j+1,j}(\rho_{\mathrm{v},j+1}^{(n)}-\rho_{\mathrm{v},j}^{(n)})}{\Delta z^2}\right]$$

$$j=1,\tau>0 \tag{4.8}$$

中心层边界方程的一维（厚度方向）差分形式为：

$$\dot{m}_{\mathrm{v},j}^{(n+1)}=\frac{\Phi}{\Delta\tau}\left[(\rho_{\mathrm{v},j}^{(n+1)}-\rho_{\mathrm{v},j}^{(n)})-\frac{D_{\mathrm{vs},j-1,j}(\rho_{\mathrm{v},j-1}^{(n)}-\rho_{\mathrm{v},j}^{(n)})}{\Delta z^2}\right]$$

$$j=JZ=z/2,\tau>0 \tag{4.9}$$

4.3.2 木材高温热处理第二阶段

控制方程的一维（厚度方向）差分形式为：

$$t_j^{(n+1)}=t_j^{(n)}+\frac{\Delta\tau}{(\rho_{\mathrm{w}}c_{\mathrm{w}})_j^{(n+1)}\Delta z^2}[\lambda_{z,j-1,j}(t_{j-1}^{(n)}-t_j^{(n)})+\lambda_{z,j+1,j}(t_{j+1}^{(n)}-t_j^{(n)})]$$

$$j=2、3、\cdots、JZ-1,\tau>0 \tag{4.10}$$

表面层边界方程的一维（厚度方向）差分形式为：

$$t_j^{(n+1)}=t_j^{(n)}+\frac{\Delta\tau}{(\rho_{\mathrm{w}}c_{\mathrm{w}})_j^{(n+1)}\Delta z^2}[\lambda_{z,j+1,j}(t_{j+1}^{(n)}-t_j^{(n)})+$$

$$\Delta z \varepsilon \sigma_0 (T_{IR}^4 - T_j^4) + \Delta z h (T_{IR} - T_j)]$$

$$j=1, \tau>0 \tag{4.11}$$

中心层边界方程的一维（厚度方向）差分形式为：

$$t_j^{(n+1)} = t_j^{(n)} + \frac{\Delta \tau}{(\rho_w c_w)_j^{(n+1)} \Delta z^2} [\lambda_{z,j-1,j} (t_{j-1}^{(n)} - t_j^{(n)})]$$

$$j = JZ = z/2, \tau > 0 \tag{4.12}$$

4.4 真空高温热处理过程中木材各化学成分差与热处理温度和时间的回归方程

由第 3 章分析得到，西南桦热处理材的综纤维素含量差（ΔHo）、半纤维素含量差（ΔHe）、纤维素含量差（ΔCe）和木质素含量差（ΔLi）分别关于热处理温度（t）和时间（τ）的二元回归方程为：$\Delta Ho = -0.001448t - 0.004573\tau + 0.2363$（$R^2 = 0.9667$），$\Delta He = -0.00086t - 0.0035\tau + 0.1416$（$R^2 = 0.8679$），$\Delta Ce = -0.0005852t - 0.001145\tau + 0.09429$（$R^2 = 0.9737$），$\Delta Li = 0.001522t + 0.004804\tau - 0.2492$（$R^2 = 0.9236$）。

4.5 真空高温热处理过程中木材化学成分控制的试验验证

将表 3-1 中测得的试样编号 6、11、16、21、22 和 23 的高温热处理试件的各化学成分含量差的结果，与真空热处理过程中木材化学成分控制数学模型的结果进行比较，以此来验证该模型的吻合效果。

4.6 结果与分析

本研究将第 2 章西南桦真空高温热处理过程中传热传质数学模型的解（温度和时间）代入到第 3 章西南桦木材化学成分变化值（ΔHo、ΔHe、ΔCe 和 ΔLi）关于热处理温度（t）和处理时间（τ）的二元回归方程中，即 $\Delta Ho = -0.001448t - 0.004573\tau + 0.2363$（$R^2 = 0.9667$），$\Delta He = -0.00086t - 0.0035\tau + 0.1416$（$R^2 = 0.8679$），$\Delta Ce = -0.0005852t - 0.001145\tau + 0.09429$

($R^2=0.9737$)，$\Delta Li=0.001522t+0.004804\tau-0.2492$ ($R^2=0.9236$)，最后得到任意时间、任意温度下木材任意空间位置上的化学成分差值，进而实现了真空高温热处理过程中木材化学成分变化的控制。

图 4-2～图 4-5 分别为西南桦木材在热处理温度为 200℃、绝对压力为 0.02MPa、初始含水率为 10%、厚度为 20mm 条件下 ΔHo、ΔHe、ΔCe 和 ΔLi 在木材厚度方向上随着时间的演变图。从图 4-2～图 4-5 中可以看出，离木材表面越近，ΔHo、ΔHe 和 ΔCe 值越小，ΔLi 越大；相反，离木材中心层越近，ΔHo、ΔHe 和 ΔCe 值越大，ΔLi 越小，并且 ΔHo、ΔHe、ΔCe 和 ΔLi 值沿中心层呈对称分布。

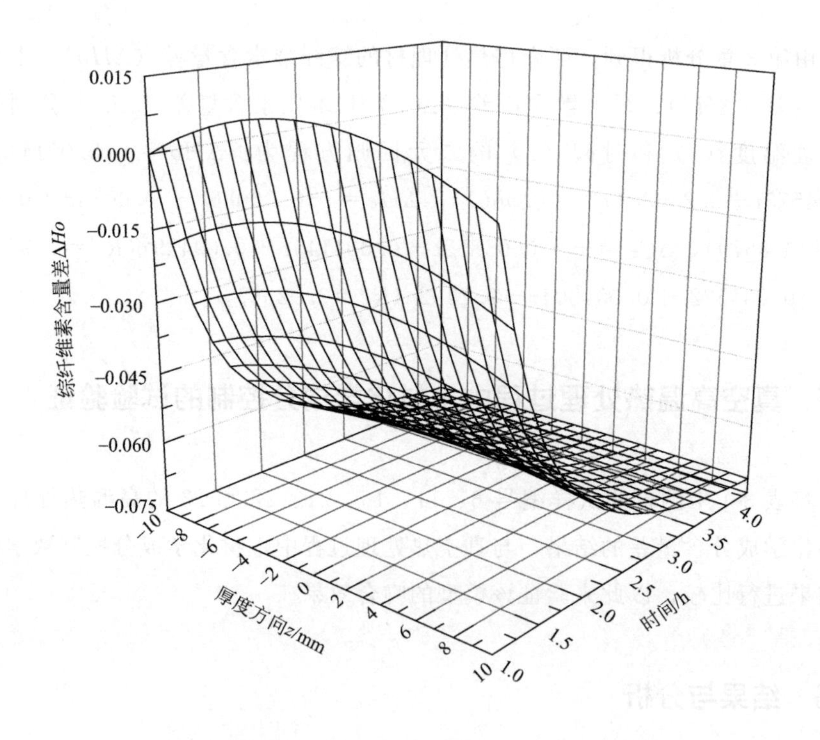

图 4-2 木材不同厚度位置综纤维素含量差（ΔHo）随时间的演变图

为验证真空高温热处理木材化学成分变化模型的准确性，测定木材表面层的化学成分含量值，以此来评价模型值和试验值的吻合效果。图 4-6(a)～(d) 为西南桦木材在热处理温度为 200℃、绝对压力为 0.02MPa、初始含水率为 10%、厚度为 20mm 下，从开始加温至热处理结束，ΔHo、ΔHe、ΔCe 和 ΔLi

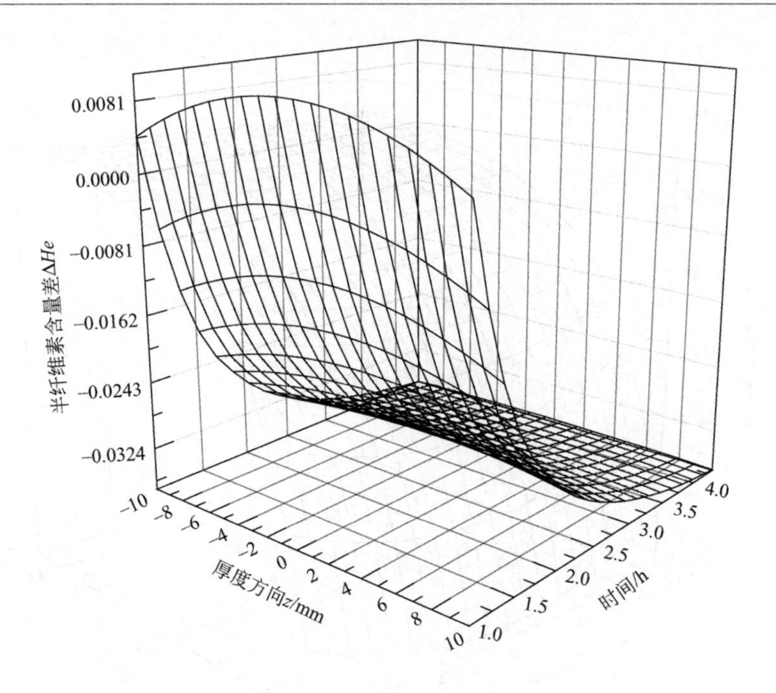

图 4-3　木材不同厚度位置半纤维素含量差（ΔHe）随时间的演变图

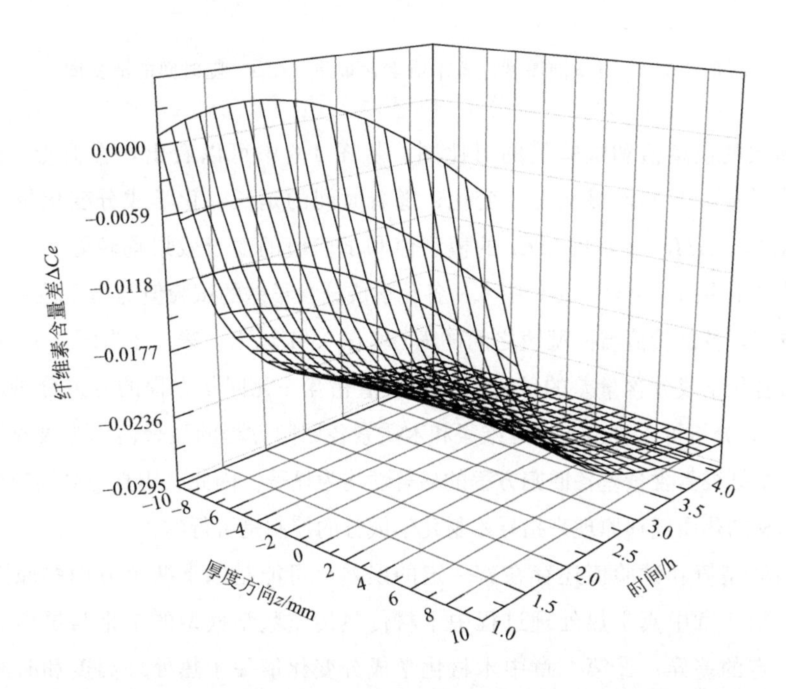

图 4-4　木材不同厚度位置纤维素含量差（ΔCe）随时间的演变图

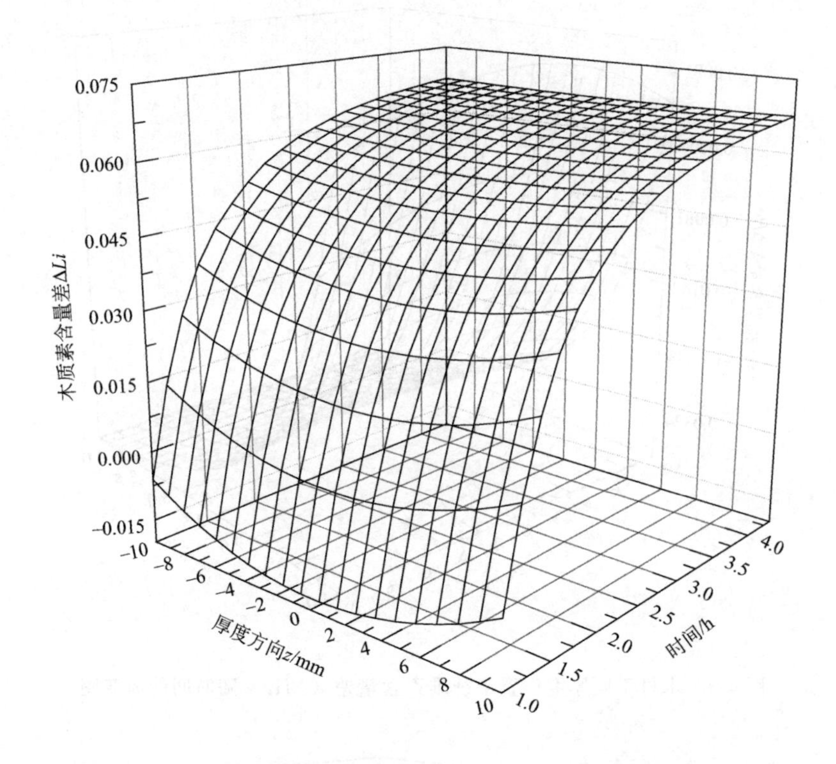

图 4-5　木材不同厚度位置木质素含量差（ΔLi）随时间的演变图

在表面层的模型值和试验值的对比图。从图 4-6 中可以看出，在升温 1h 后木材的化学成分开始慢慢地发生变化，随着时间的延长，化学成分变化越来越明显；ΔHo、ΔHe、ΔCe、ΔLi 的模型值和试验值的吻合效果均较好。

表 4-1 为图 4-6(a)～(d) 中木材各化学成分含量差的试验值与模型值相互一元回归方程，各试验值与模型值之间的 R^2 均在 0.97 以上。表 4-2 为图 4-6(a)～(d) 中木材各化学成分含量差的试验值与模型值相互一元回归方程的方差分析，从表 4-2 的方差分析可以看出，综纤维素和木质素各回归方程的显著性均为极显著，纤维素和半纤维素含量差各回归方程的显著性均为显著。因此，用真空高温热处理过程中木材的热质迁移原理来指导木材化学成分的控制是可行的。

该模型值和试验值还存在着一定的误差，可能是以下两个方面的原因造成的：①第 2 章中真空热处理过程中木材传热传质数学模型的结果与试验结果存在着一定的差异；②第 3 章中木材化学成分变化值关于热处理温度和时间的二元回归方程的 R^2 小于 1，所以也存在着一定的差异。

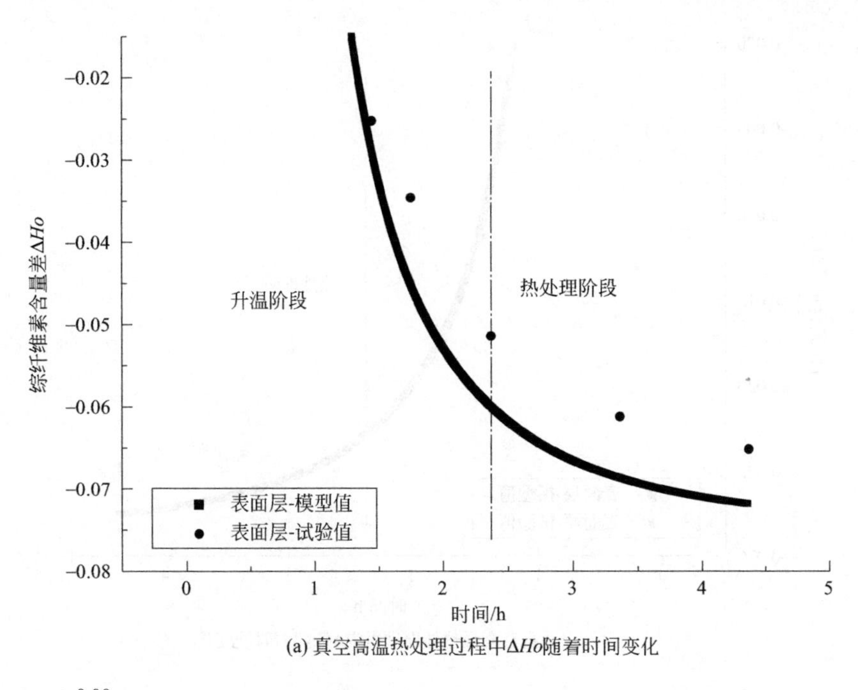

(a) 真空高温热处理过程中ΔHo随着时间变化

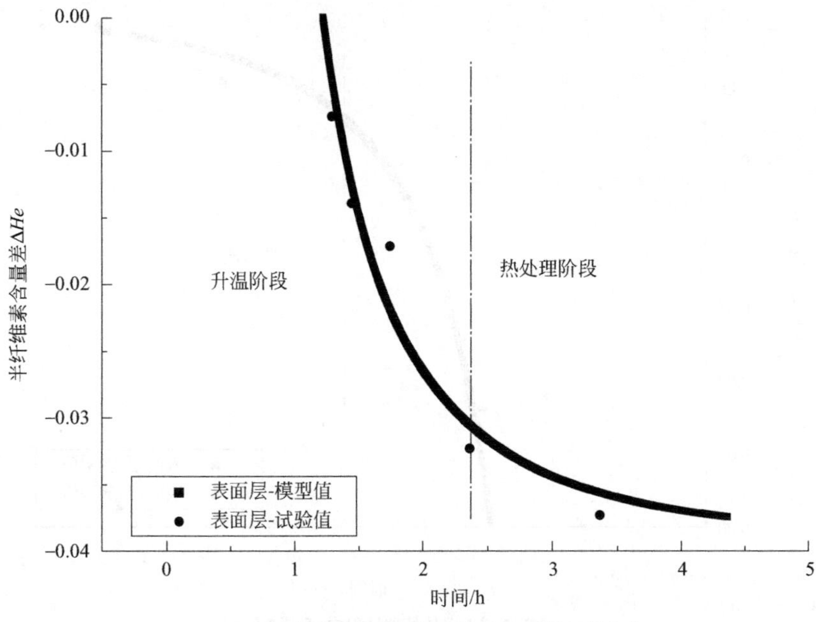

(b) 真空高温热处理过程中ΔHe随着时间变化

图 4-6

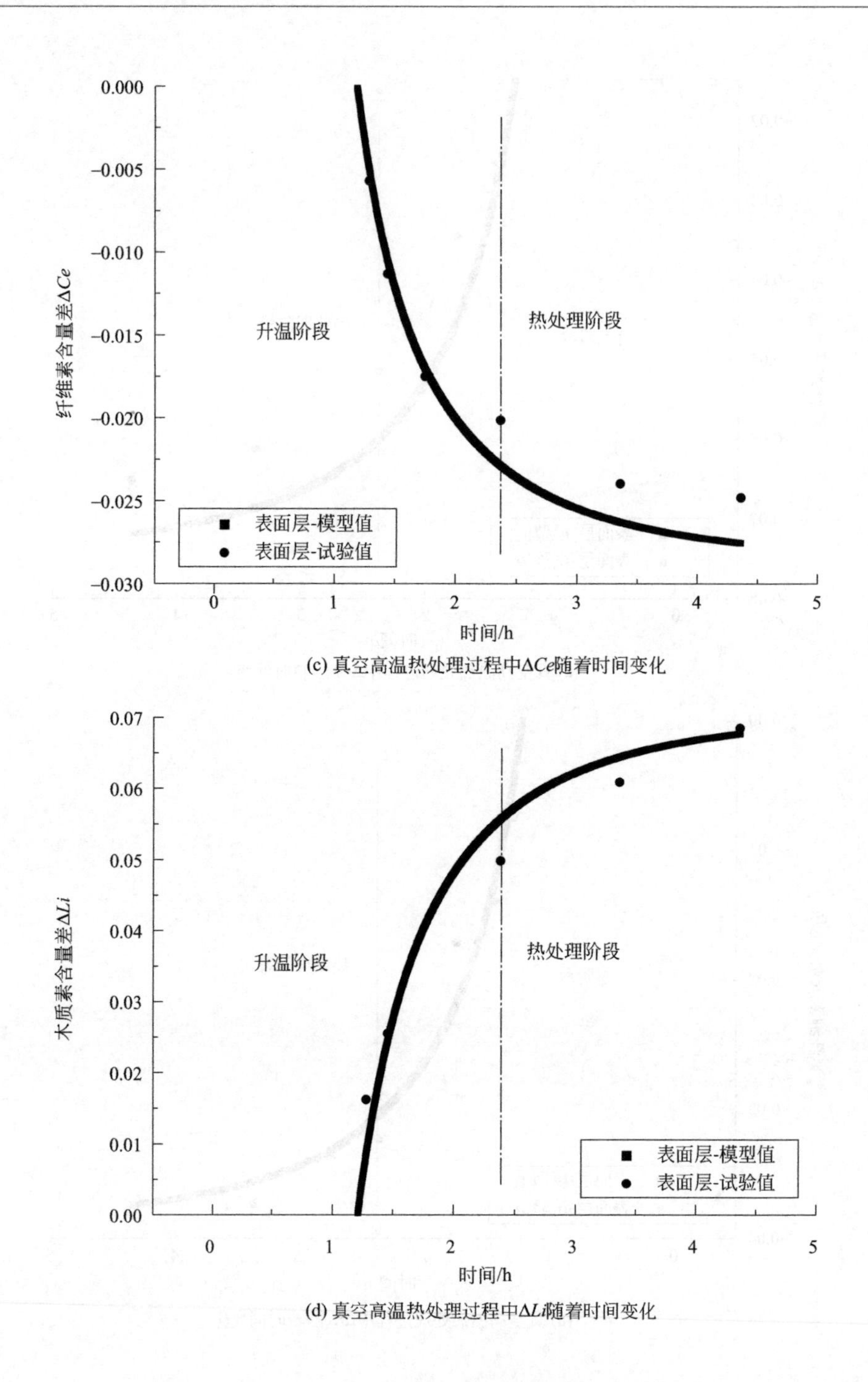

(c) 真空高温热处理过程中ΔCe随着时间变化

(d) 真空高温热处理过程中ΔLi随着时间变化

图 4-6　化学成分控制模型值和试验值对比

表 4-1　木材三大素指标值含量差的试验值与模型值相互一元回归方程

三大素指标值	因变量 y	自变量 x	回归方程	决定系数 R^2
ΔHo	模型值	试验值	①$y=0.9573x-0.0057$	0.9897
	试验值	模型值	②$y=1.0337x+0.0053$	0.9897
ΔHe	模型值	试验值	③$y=0.7775x-0.0057$	0.9768
	试验值	模型值	④$y=1.2177x+0.0056$	0.9768
ΔCe	模型值	试验值	⑤$y=1.1121x+0.0002$	0.9929
	试验值	模型值	⑥$y=0.8929x-0.0003$	0.9929
ΔLi	模型值	试验值	⑦$y=1.0492x-0.0004$	0.9818
	试验值	模型值	⑧$y=0.9357x+0.0012$	0.9818

表 4-2　木材三大素指标值含量差的试验值与模型值相互一元回归方程的方差分析

回归方程	差异源	自由度 DF	平方和 SS	均方和 MS	F 值	P 值	显著性
方程①	模型	1	0.009347	0.009347	382.71	<0.0001	极显著
	残余	4	9.769×10^{-5}	2.442×10^{-5}			
	总计	5	0.009445				
方程②	模型	1	0.01009	0.01009	382.71	<0.0001	极显著
	残余	4	0.0001055	2.637×10^{-5}			
	总计	5	0.01020				
方程③	模型	1	0.0006018	0.0006018	46.318	0.0024	显著
	残余	4	5.197×10^{-5}	1.299×10^{-5}			
	总计	5	0.0006538				
方程④	模型	1	0.0008666	0.0008666	46.318	0.0024	显著
	残余	4	7.484×10^{-5}	1.871×10^{-5}			
	总计	5	0.0009415				
方程⑤	模型	1	0.0003639	0.0003639	40.275	0.0032	显著
	残余	4	3.614×10^{-5}	9.034×10^{-6}			
	总计	5	0.0004				
方程⑥	模型	1	0.0002512	0.0002512	40.275	0.0032	显著
	残余	4	2.495×10^{-5}	6.238×10^{-6}			
	总计	5	0.0002762				
方程⑦	模型	1	0.002343	0.002343	215.85	0.0001	极显著
	残余	4	4.341×10^{-5}	1.085×10^{-5}			
	总计	5	0.002386				
方程⑧	模型	1	0.002089	0.002089	215.85	0.0001	极显著
	残余	4	3.871×10^{-5}	9.678×10^{-6}			
	总计	5	0.002128				

4.7 小结

本章节在对第 2 章以及第 3 章研究的基础上，将木材化学成分变化指标与热处理温度和时间的二元回归方程与真空高温热处理过程中木材传热传质数学模型结合起来，建立了真空高温热处理过程中木材化学成分控制数学模型，并用试验的方法进行了验证，实现了木材化学成分变化的控制。研究结果如下：

① 离木材表面越近，综纤维素含量差（ΔHo）、半纤维素含量差（ΔHe）和纤维素含量差（ΔCe）值越小，木质素含量（ΔLi）越大；相反，离木材中心层越近，ΔHo、ΔHe 和 ΔCe 值越大，ΔLi 越小，并且 ΔHo、ΔHe、ΔCe 和 ΔLi 值沿中心层呈对称分布。

② 将化学成分控制模型的数学值和试验值的吻合效果进行了对比，ΔHo、ΔHe、ΔCe 和 ΔLi 的模型值和试验值的吻合效果均较好，各试验值与模型值之间的 R^2 均在 0.97 以上。因此，用真空高温热处理过程中木材的热质迁移原理来指导木材化学成分的控制是可行的。

第5章
真空高温热处理过程中木材颜色变化规律

5.1 概述

木材颜色是决定消费者印象的重要因素之一，是木材表面视觉物理量的一个重要特征，当前已经成为消费者选择木制品的主要因素之一。经高温热处理，木材颜色会发生变化，从浅色调逐步变为深色调，这一处理手段为美化木材表面颜色提出了一种新的思路（江京辉，等，2012）。

本章节通过对真空高温热处理温度和时间对木材颜色指标影响的分析，试图获取西南桦真空高温热处理材化学成分的变化规律，以及木材颜色指标关于热处理温度和时间的回归方程，为分析后续的“真空热处理过程中木材颜色变化控制数学模型”和“木材颜色变化和木材化学成分变化的关系”等内容提供数据支撑。

5.2 试验材料与方法

5.2.1 试验材料

试验材料为表3-1中热处理的试件。

5.2.2 表色系统

国际上专门成立了一个国际照明委员会（CIE），规定了一套颜色测量原理、数据和计算方法，称为CIE标准色度系统（2011）。颜色有三种特性，即明度、色调以及饱和度。CIE（1976）L^*、a^*、b^*系统见图5-1（CIE标准色度系统，2011；曹永建，2008）。

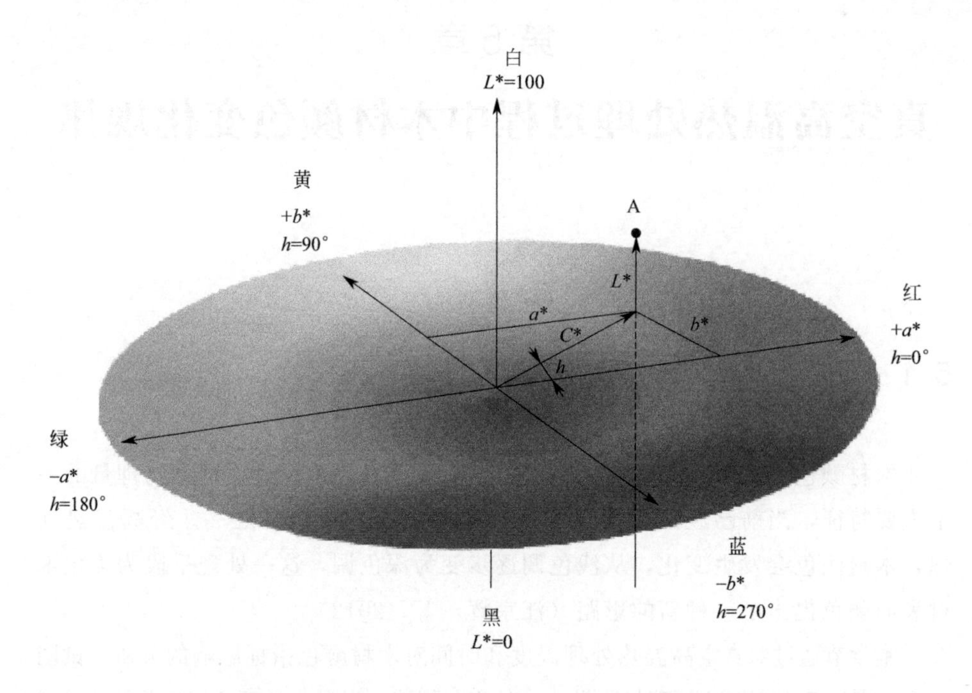

图5-1 CIE（1976）L^*、a^*、b^*色空间图（曹永建，2008）

有关参数试算的公式为：

$$\Delta L^* = L^* - L_0^* \tag{5.1}$$

$$\Delta a^* = a^* - a_0^* \tag{5.2}$$

$$\Delta b^* = b^* - b_0^* \tag{5.3}$$

$$C^* = \sqrt{(a^*)^2 + (b^*)^2} \tag{5.4}$$

$$\Delta E^* = \sqrt{(\Delta L^*)^2 + (\Delta a^*)^2 + (\Delta b^*)^2} \tag{5.5}$$

$$\Delta C^* = C^* - C_0^* \tag{5.6}$$

$$\Delta H^* = \sqrt{(\Delta E^*)^2 - (\Delta L^*)^2 - (\Delta C^*)^2} \tag{5.7}$$

$$Ag^* = \arctan\left(\frac{b^*}{a^*}\right)\frac{180}{\pi} \tag{5.8}$$

式中 L_0^*——参比样品的 L^*；

a_0^*——参比样品的 a^*；

b_0^*——参比样品的 b^*；

C_0^*——参比样品的 C^* 值；

L^*——明度；

a^*——红绿轴色品指数；

b^*——黄蓝轴色品指数；

C^*——色饱和度；

ΔL^*——明度差；

Δa^*——a^* 的变化值；

Δb^*——b^* 的变化值；

ΔC^*——色饱和度差值；

ΔE^*——色差，又称总体色差；

ΔH^*——色相差；

Ag^*——光泽度。

5.2.3 热处理前后木材颜色测定

每个试件选10个测试点，采用康光全自动色差计（型号：SC-80C）记录各点的颜色值；将测量得出的 L^*、a^*、b^* 值按照式(5.1)、式(5.5)～式(5.8)，分别得出 ΔL^*、ΔE^*、ΔC^*、ΔH^* 和 Ag^*。

5.3 结果与分析

5.3.1 不同热处理工艺对西南桦木材宏观颜色的影响

图5-2为西南桦木材真空热处理前后宏观颜色图，热处理后西南桦木材从浅白色变深红褐色，颜色也变得均匀。热处理温度为160℃、170℃时，木材

颜色的差别较小；处理温度在 180℃及以上时，随热处理温度的升高木材色差越来越大，随时间的延长色差也在增大，但差别不大。

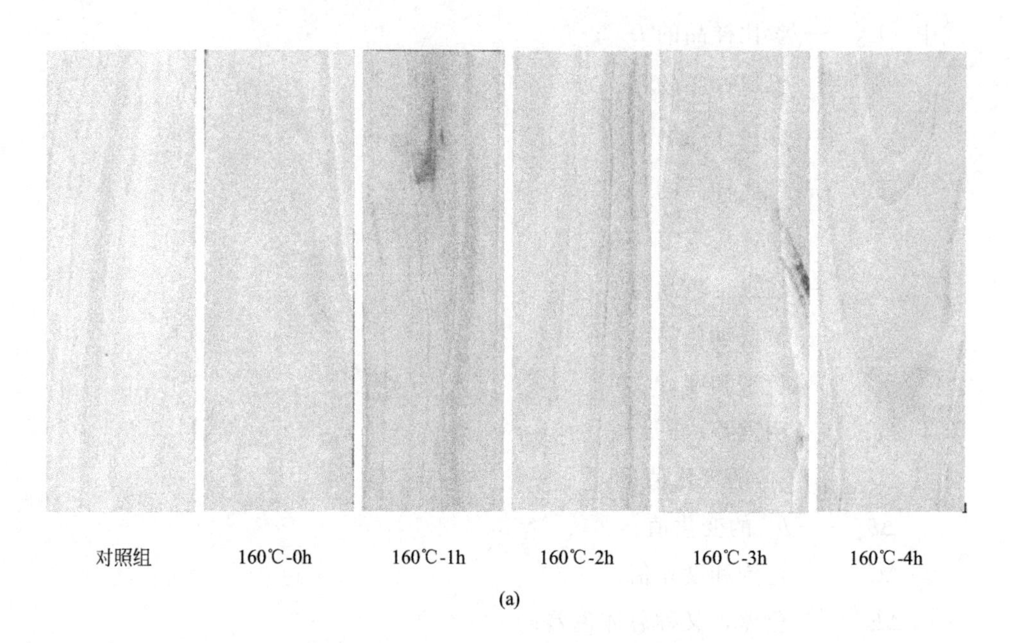

对照组　160℃-0h　160℃-1h　160℃-2h　160℃-3h　160℃-4h

(a)

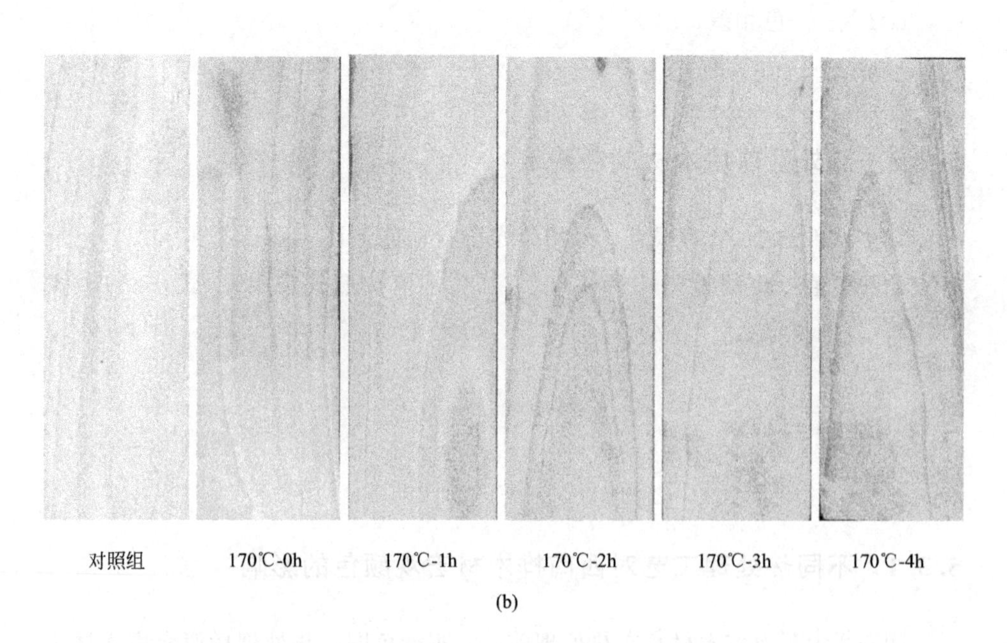

对照组　170℃-0h　170℃-1h　170℃-2h　170℃-3h　170℃-4h

(b)

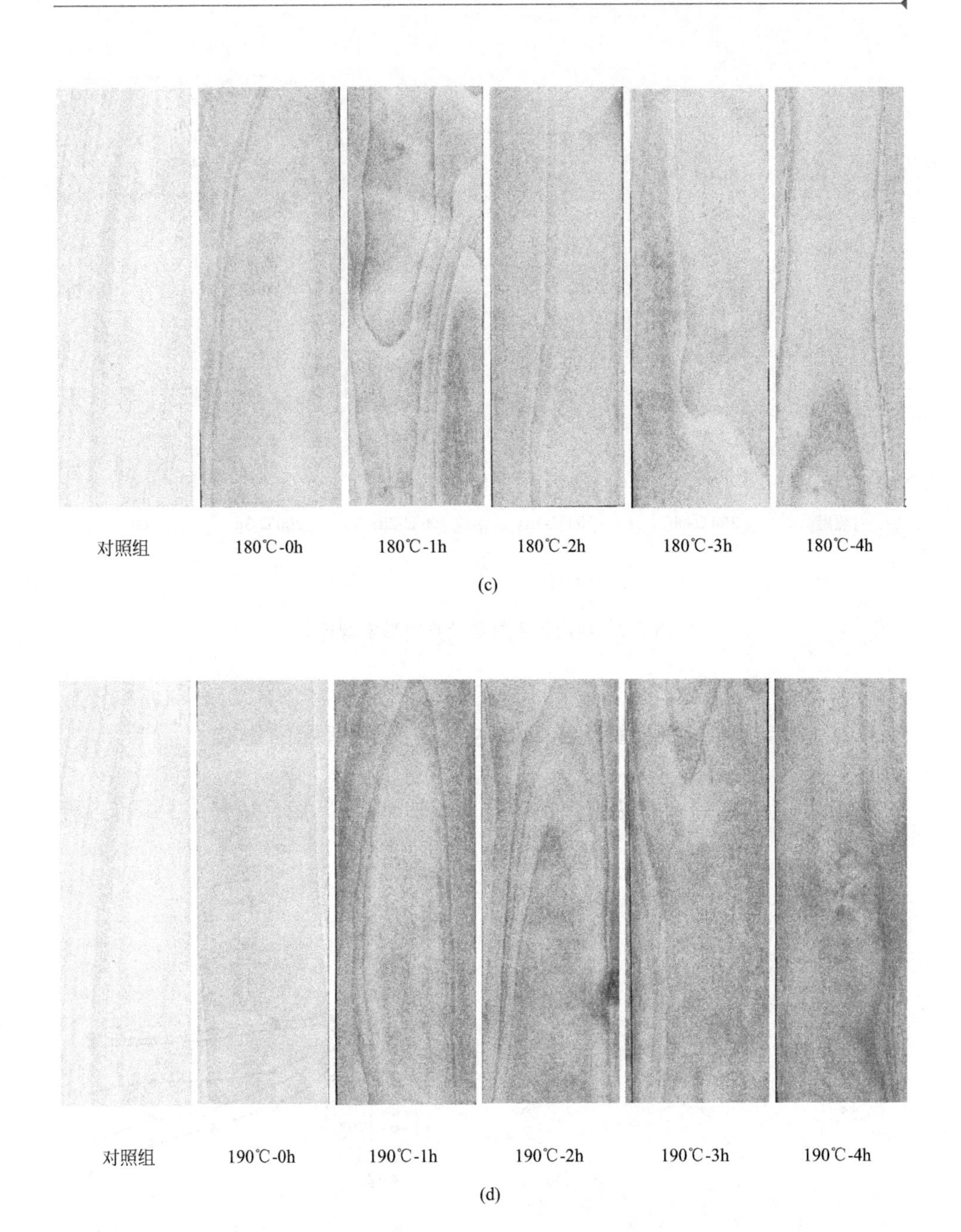
对照组
180℃-0h
180℃-1h
180℃-2h
180℃-3h
180℃-4h
(c)
对照组
190℃-0h
190℃-1h
190℃-2h
190℃-3h
190℃-4h
(d)

图 5-2

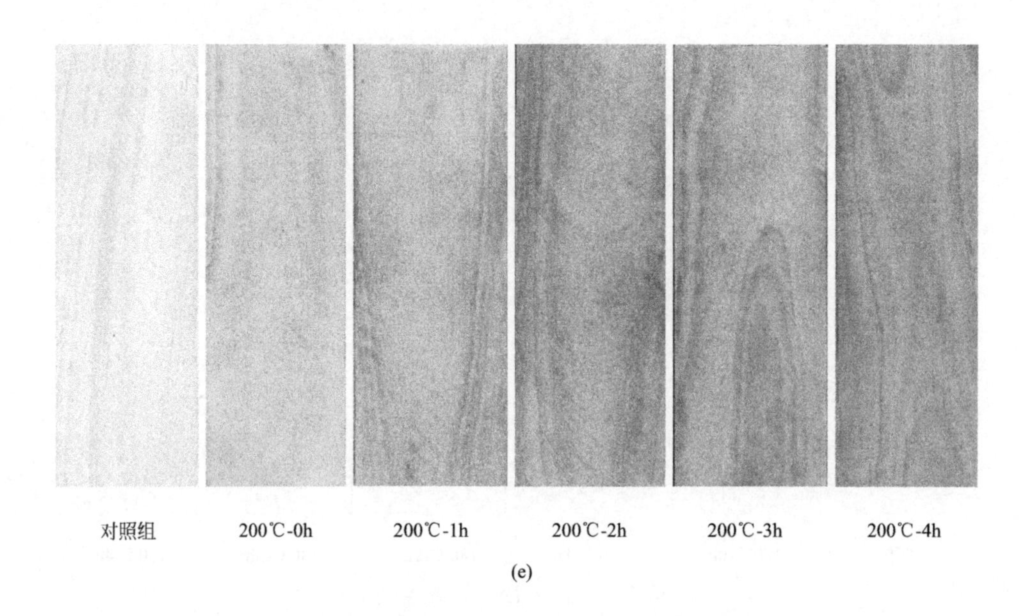

(e)

图 5-2　西南桦木材热处理前后宏观图片

5.3.2　真空高温热处理对西南桦木材各颜色指标的影响

图 5-3 为西南桦木材热处理前后的明度值（L^*）图。从图 5-3 中可以看

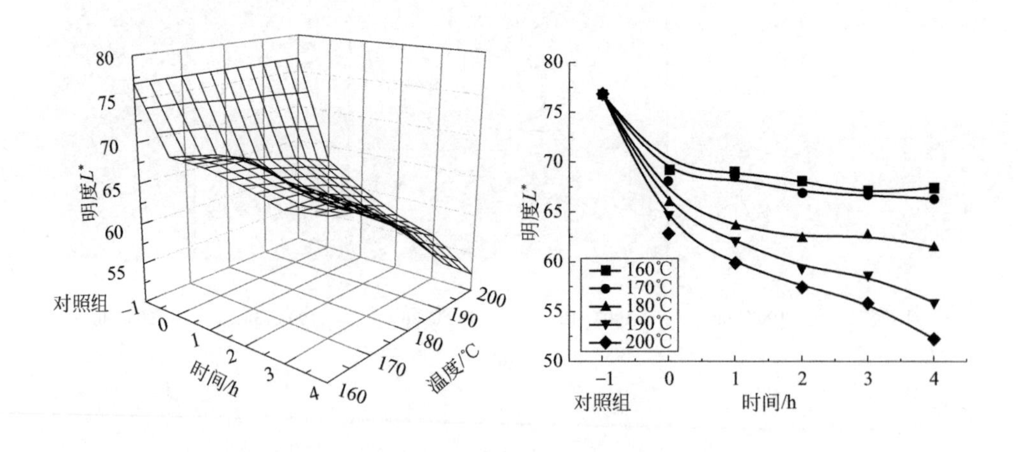

图 5-3　热处理温度和时间对西南桦木材明度（L^*）的影响

出，随着处理温度的增高和时间的增长，木材的 L^* 则明显降低。其中，热处理温度对 L^* 的影响更加明显，而随着处理时间的延长，L^* 降低的速度则越来越慢。L^* 的快速降低发生在热处理过程的早期，最大的降低主要发生在 0～1h 之间，这表明短时间的热处理足以改变木材表面的颜色。本研究中，L^* 变化规律和前人的研究结果一致（Bekhta，et al.，2003；Johansson，et al.，2006；Brischke，et al.，2007；Esteves，et al.，2008a；Marcos，et al.，2009a；Sahin，et al.，2011；Srinivas，et al.，2012；Allegretti，et al.，2012；Kamperidou，et al.，2013；Akgül，et al.，2012）。

图 5-4 为西南桦木材热处理前后的红绿色品指数（a^*）图。在不同的热处理温度和处理时间下，西南桦木材的 a^* 无明显的变化规律；在 170℃、180℃的热处理温度下，随着处理时间的延长先降低到一个低值，然后保持变化幅度较小；在 160℃、190℃、200℃热处理温度下，随着处理时间的延长先降低、后上升、又降低，说明热处理使西南桦木材颜色首先向偏绿色方向发展，然后又偏向红色，但 a^* 值总体为正值，其波动范围在 4～7 之间，表明热处理后西南桦木材颜色依然在红色方向。不同的学者对不同木材 a^* 的研究结果也不相同，Bekhta et al.（2003）、Brischke et al.（2007）、Marcos et al.（2009a）、Srinivas（2012）、Allegretti et al.（2012）、Kamperidou et al.（2013）研究表明，a^* 随着热处理强度的增加先增加而后又降低；Johansson et al.（2006）研究表明，a^* 值随热处理强度增大而缓慢增大，但变化不大；Esteves et al.（2008a）研究表明，a^* 则是随着热处理强度的增

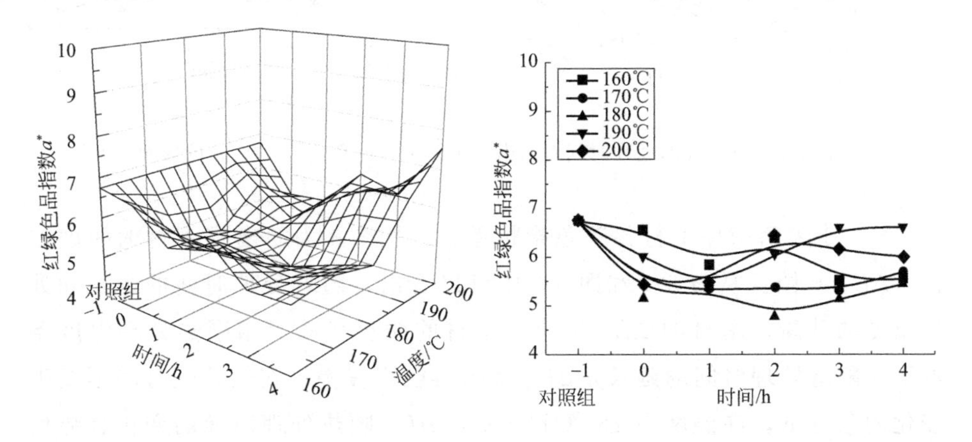

图 5-4　热处理温度和时间对西南桦木材红绿色品指数（a^*）的影响

大而降低。

图 5-5 为西南桦木材热处理前后的黄蓝色品指数（b^*）图。在不同的热处理温度和处理时间下，西南桦木材的 b^* 变化规律较为明显，随着处理温度的升高和处理时间的延长，b^* 先降低到一个低值然后又上升；热处理温度在 180℃及以下时，b^* 值均小于对照组值，表明木材颜色越来越偏向蓝色；热处理温度达到 190℃及以上时，b^* 除了在热处理时间为 0h 时低于对照组，其余均高于对照组，表明木材颜色越来越偏向黄色。不同的学者对不同木材 b^* 的研究结果也不相同，Bekhta et al.（2003）、Brischke et al.（2007）、Marcos et al.（2009a）、Srinivas（2012）、Allegretti et al.（2012）、Kamperidou et al.（2013）研究表明，b^* 随着热处理强度的增加先增加而后又降低；Esteves et al.（2008a）研究则表明，b^* 随着热处理强度的增大而降低。

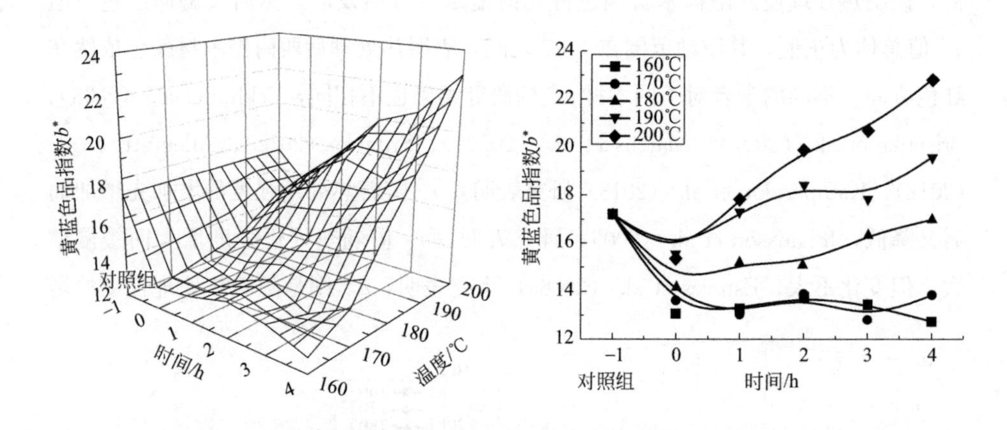

图 5-5 热处理温度和时间对西南桦木材黄蓝色品指数（b^*）的影响

表 5-1 为西南桦木材各颜色指标差值。图 5-6 为西南桦木材的明度差值（ΔL^*）图。从表 5-1 和图 5-6 中可以看出，随着处理时间的延长和处理温度的升高，木材的 ΔL^* 减小，木材的颜色变暗。相同热处理温度条件下，随着处理时间的延长，ΔL^* 降低得较为缓慢。在热处理时间不发生变化的条件下，在温度为 180℃以下时，ΔL^* 随热处理温度的变化趋势均较为缓慢；当温度为 180℃及以上时，ΔL^* 随热处理温度的变化趋势加快。

表 5-1　西南桦木材各颜色指标差值

颜色指标	热处理温度/℃	各热处理时间的颜色指标差值				
		0h	1h	2h	3h	4h
ΔL^*	160	−7.62	−7.82	−8.72	−10.01	−9.36
	170	−8.74	−8.33	−9.92	−10.13	−10.51
	180	−10.82	−13.24	−14.41	−14.08	−15.32
	190	−12.09	−14.64	−17.48	−18.09	−20.88
	200	−13.82	−16.88	−19.30	−20.87	−24.54
ΔE^*	160	8.90	8.92	9.52	10.82	10.83
	170	9.56	9.43	10.62	11.18	11.24
	180	11.46	13.64	14.79	14.23	15.42
	190	12.34	14.74	17.62	18.16	21.05
	200	14.13	17.01	19.56	21.19	25.21
ΔC^*	160	−3.73	−3.86	−3.39	−3.81	−5.01
	170	−3.80	−4.34	−3.60	−4.57	−3.75
	180	−3.57	−2.48	−2.60	−1.33	−0.63
	190	−1.76	−0.33	0.96	0.59	2.21
	200	−2.41	0.25	2.39	3.12	5.57
ΔH^*	160	1.79	1.48	1.54	0.95	1.64
	170	0.46	0.71	0.72	0.72	0.99
	180	1.04	1.71	1.18	1.24	1.14
	190	0.58	1.36	1.14	1.26	0.94
	200	1.33	1.30	1.52	1.72	1.16
Ag^*	对照组	68.61	68.61	68.61	68.61	68.61
	160	63.59	65.86	67.42	65.46	66.55
	170	64.78	63.92	65.06	64.64	66.72
	180	70.19	69.56	68.53	66.75	67.25
	190	70.31	71.04	72.37	71.29	68.73
	200	69.60	68.41	67.92	68.50	68.59

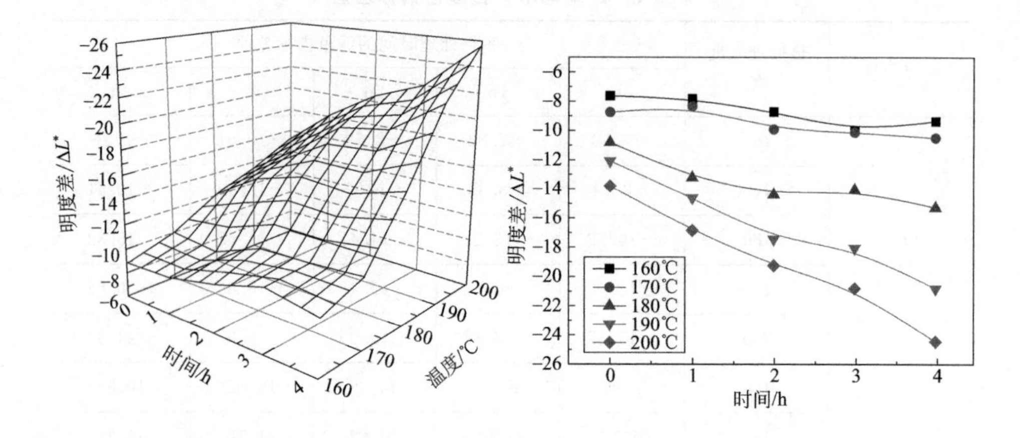

图 5-6　热处理温度和时间对西南桦木材明度差（ΔL^*）的影响

图 5-7 为西南桦木材的总体色差（ΔE^*）图。从表 5-1 和图 5-7 中可以看出，随着处理时间的延长和处理温度的升高，木材的 ΔE^* 越来越大，木材的总体颜色与处理前木材的颜色差异变得越来越大。在热处理温度不发生变化的条件下，随着处理时间的延长，ΔE^* 增加得较为缓慢。相同热处理时间条件下，在温度为 180℃以下时，ΔE^* 随热处理温度的变化趋势均较为缓慢；当温度为 190℃及以上时，ΔE^* 随热处理温度的变化趋势加快。对 ΔL^* 和 ΔE^* 的结果进行分析，颜色的变化主要是由 ΔL^* 引起的，Δa^* 和 Δb^* 对其影响较小，这和前人的研究结果一致（Marcos，et al.，2009a；Allegretti，et al.，2012）。

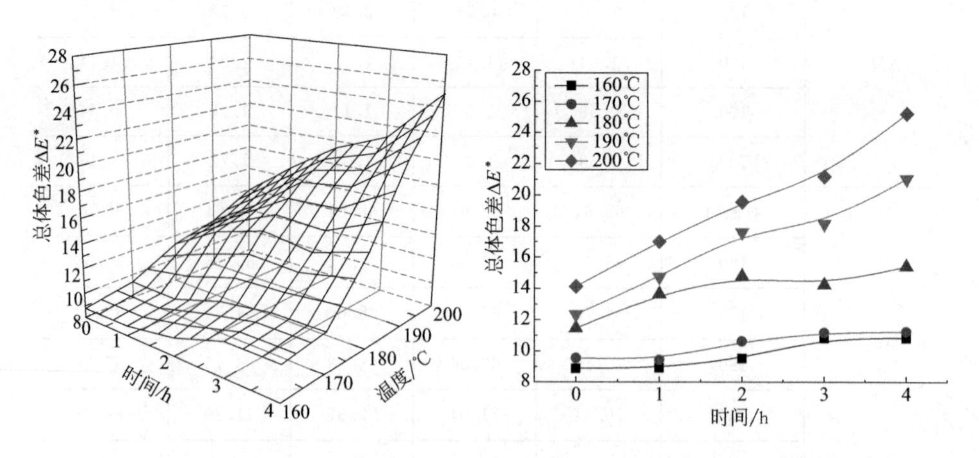

图 5-7　热处理温度和时间对西南桦木材总体色差（ΔE^*）的影响

图 5-8 为西南桦木材的色饱和度差（ΔC^*）图。从表 5-1 和图 5-8 中可以看出，相同热处理温度条件下，西南桦木材在温度为 180℃以下时，随着处理时间的延长，ΔC^* 的变化趋势较为平缓；当温度高于 190℃后，ΔC^* 的变化速率明显加快，表明木材颜色纯度越纯，也越来越鲜艳；在 170℃及以下时，随着热处理温度升高和热处理时间的延长，ΔC^* 变化不大，且几乎都为负值，表明木材颜色纯度不高。曹永建（2008）、刘星雨（2010）、史蔷（2011）、Kamperidou et al.（2013）研究表明，在低温条件下（200℃以下），ΔC^* 随着热处理强度的增加有增加趋势；在高温条件下（200℃以上），ΔC^* 随着热处理强度的增加而降低。

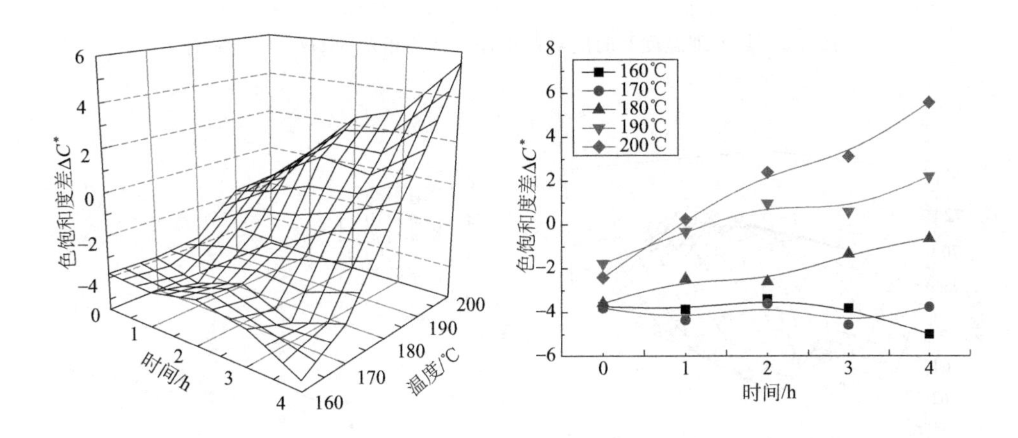

图 5-8　热处理温度和时间对西南桦木材色饱和度差（ΔC^*）的影响

图 5-9 为西南桦木材的色相差值（ΔH^*）图。从表 5-1 和图 5-9 中可以看出，随着处理时间的延长和处理温度的升高，木材的 ΔH^* 变化不明显，ΔH^* 在 0.5～1.8 之间波动，表明木材的色相没有发生转变，仍在红黄色系。

图 5-10 为西南桦木材的光泽度（Ag^*）图。从表 5-1 和图 5-10 中可以看出，热处理温度在 170℃以下时，随着处理时间的延长，Ag^* 先是有一定的降低，然后又开始增加；热处理温度在 180℃以上时，Ag^* 先是缓慢地增加，然后又开始缓慢地降低，降低至对照组值的左右。相同热处理时间条件下，随着处理温度的升高，Ag^* 增加得较为明显；但 Ag^* 总体上变化程度不大，表明热处理材表面仍然具有一定的光泽度。

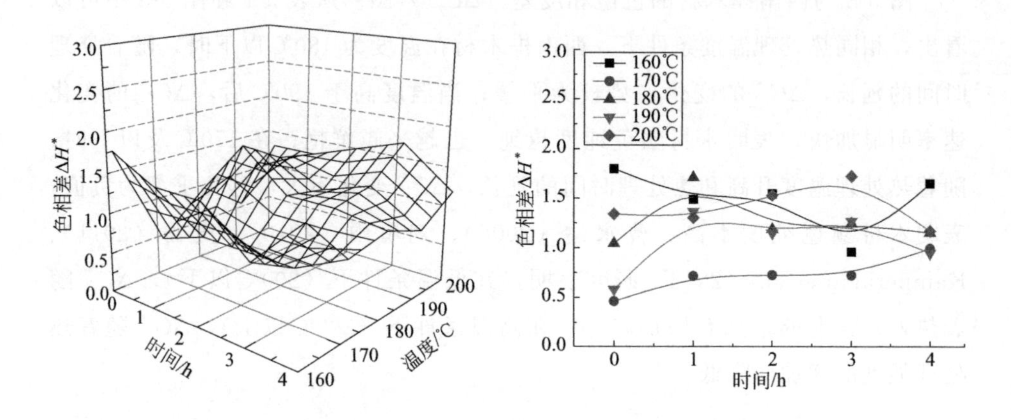

图 5-9　热处理温度和时间对西南桦木材色相差（ΔH^*）的影响

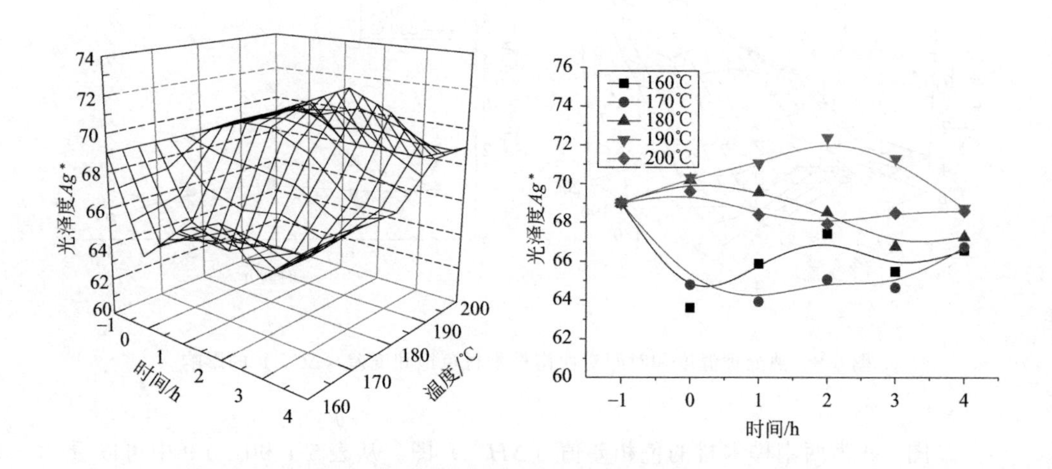

图 5-10　热处理温度和时间对西南桦木材光泽度（Ag^*）的影响

5.3.3　各颜色指标关于热处理温度和时间的回归关系

本章节中，根据热处理后木材颜色的变化与热处理温度（t）和时间（τ）的关系，得到西南桦热处理材 L^*、ΔL^*、ΔE^*、ΔC^* 分别关于热处理温度（t）和时间（τ）的二元回归方程（表 5-2），西南桦热处理材 L^*、ΔL^*、ΔE^*、ΔC^* 分别关于热处理温度（t）、时间（τ）、热处理温度（t）×时间（τ）的三元回归方程（表 5-3）。

表 5-2　各颜色指标差关于热处理温度和时间的二元回归方程

各颜色指标值 y	二元回归方程 x_1 为温度(℃),x_2 为时间(h)	决定系数 R^2
L^*	①$y=-0.2786x_1-1.346x_2+116.15$	0.9047
ΔL^*	②$y=-0.2786x_1-1.346x_2+39.37$	0.9047
ΔE^*	③$y=0.2562x_1+1.33x_2-34.723$	0.8877
ΔC^*	④$y=0.1583x_1+0.6421x_2-31.378$	0.7803
ΔH^*	⑤$y=0.001882x_1+0.01399x_2+0.8185$	0.8400

表 5-3　各颜色指标差关于热处理温度、时间和温度×时间的三元回归方程

各颜色指标值 y	三元回归方程 x_1 为温度(℃),x_2 为时间(h)	决定系数 R^2
L^*	①$y=-0.1682x_1+8.587x_2-0.05518x_1x_2+96.283$	0.9023
ΔL^*	②$y=-0.1682x_1+8.587x_2-0.05518x_1x_2+19.471$	0.9023
ΔE^*	③$y=0.1425x_1-8.910x_2+0.05689x_1x_2-14.241$	0.9166
ΔC^*	④$y=0.05503x_1-8.654x_2+0.05165x_1x_2+12.785$	0.8230
ΔH^*	⑤$y=-0.0008797x_1-0.2346x_2+0.001381x_1x_2+1.316$	0.0142

表 5-4 为表 5-2 各颜色指标二元回归方程拟合效果的评价。从表 5-4 中可以看出，除了 $\Delta H^*=0.001882t+0.01399\tau+0.8185$（$R^2=0.8400$）的温度（$t$）、时间（$\tau$）和常量的回归系数均不显著外，其余二元回归方程的温度（t）、时间（τ）和常量的回归系数均极显著。因此，上述二元回归方程可以很好地对不同的热处理工艺条件下西南桦热处理材颜色的变化情况进行预测。

表 5-4　各颜色指标二元回归方程拟合效果的评价

各二元回归方程	各参数	t 比率	P 值	显著性
L^*	温度	13.014	<0.0001	极显著
	时间	6.288	<0.0001	极显著
	常量	29.867	<0.0001	极显著
ΔL^*	温度	13.014	<0.0001	极显著
	时间	6.288	<0.0001	极显著
	常量	10.115	<0.0001	极显著
ΔE^*	温度	11.700	<0.0001	极显著
	时间	6.077	<0.0001	极显著
	常量	8.728	<0.0001	极显著

续表

各二元回归方程	各参数	t 比率	P 值	显著性
ΔC^*	温度	8.193	<0.0001	极显著
	时间	3.322	0.0031	显著
	常量	8.938	<0.0001	极显著
ΔH^*	温度	0.3465	0.4159	不显著
	时间	0.2575	0.7323	不显著
	常量	0.8293	0.7992	不显著

表 5-5 为表 5-3 各颜色指标三元回归方程拟合效果的评价。从表 5-5 中可以看出，除了 $\Delta H^* = 1.316 - 0.0008797t - 0.2346\tau + 0.001381t\tau$（$R^2 = 0.0142$）的温度（$t$）、时间（$\tau$）和常量的回归系数均不显著外，其余三元回归方程的温度（t）、时间（τ）和常量的回归系数均极显著。因此，上述三元回归方程也可以很好地对不同的热处理温度（t）和时间（τ）条件下西南桦热处理材颜色的变化情况进行预测。

表 5-5　各颜色指标三元回归方程拟合效果的评价

各三元回归方程	各参数	t 比率	P 值	显著性
ΔL^*	温度	7.045	<0.0001	极显著
	时间	4.878	<0.0001	极显著
	温度×时间	5.661	<0.0001	极显著
	常量	22.331	<0.0001	极显著
ΔL^*	温度	7.045	<0.0001	极显著
	时间	4.878	<0.0001	极显著
	温度×时间	5.661	0.0002	显著
	常量	4.516	<0.0001	极显著
ΔE^*	温度	5.901	<0.0001	极显著
	时间	5.007	<0.0001	极显著
	温度×时间	5.773	<0.0001	极显著
	常量	3.268	0.0037	显著
ΔC^*	温度	2.712	0.0130	显著
	时间	5.786	<0.0001	极显著
	温度×时间	6.235	<0.0001	极显著
	常量	3.490	0.0022	显著

续表

各三元回归方程	各参数	t 比率	P 值	显著性
ΔH^*	温度	0.0916	0.4564	不显著
	时间	0.3314	0.9279	不显著
	温度×时间	0.3522	0.7436	不显著
	常量	0.7588	0.7282	不显著

表 5-6 为西南桦热处理后颜色差值的可重复双因素方差分析，当 $F>F$（临界值）时，效应显著，否则不显著。由表 5-6 可见，在 $\alpha=0.01$ 水平上，可重复双因素方差分析表明，热处理温度（t）和时间（τ）对 ΔL^*、ΔE^*、ΔC^* 的变化影响均为极显著，两因素的共同作用对这三个指标的影响也均为极显著。其中，温度对这三个色差差值指标的影响比时间的影响要更显著一些，也即热处理温度对颜色变化的影响要更为重要些。

表 5-6　西南桦热处理后颜色差值的可重复双因素方差分析

各颜色指标	差异源	自由度 DF	平方和 SS	均方和 MS	F 值	P 值	F(临界值)	显著性
ΔL^*	温度	4	797.56	199.39	9969.46	0.00	4.18	极显著
	时间	4	184.26	46.06	2303.19	0.00	4.18	极显著
	温度×时间	16	76.44	4.78	238.87	0.00	2.81	极显著
	误差	25	0.50	0.02				
	总计	49	1058.75					
ΔE^*	温度	4	677.92	169.48	4021.78	0.00	4.18	极显著
	时间	4	184.55	46.14	1094.86	0.00	4.18	极显著
	温度×时间	16	81.79	5.11	121.31	0.00	2.81	极显著
	误差	25	1.05	0.04				
	总计	49	945.32					
ΔC^*	温度	4	240.20	60.05	160.96	0.00	4.18	极显著
	时间	4	21.64	5.41	14.50	0.00	4.18	极显著
	温度×时间	16	52.75	3.30	8.84	0.00	2.81	极显著
	误差	25	9.33	0.37				
	总计	49	323.92					

5.4 小结

本章节通过对热处理温度和时间对西南桦木材各颜色指标值影响的分析，建立了真空高温热处理木材颜色变化与热处理温度和热处理时间的二元回归方程。研究结果如下：

① 随着处理温度的升高和处理时间的增长，西南桦木材的L^*降低，其中热处理温度对L^*的影响较为明显。

② 随着处理温度的升高和处理时间的增长，西南桦木材的a^*变化规律不明显，b^*先降低而后增加。

③ 随着处理温度的升高和处理时间的增长，木材的ΔL^*越来越小；ΔE^*越来越大；ΔC^*总体呈现出增大趋势；木材的ΔH^*变化不明显，ΔH^*在0.5～1.8之间波动，表明木材的色相没有发生转变，仍在红黄色系；Ag^*总体上变化程度不大，表明热处理材表面仍然具有一定的光泽度。对ΔL^*和ΔE^*的结果进行分析，木材颜色的变化主要是由ΔL^*引起的，Δa^*和Δb^*对其影响较小。

④ 得到的西南桦热处理材L^*、ΔL^*、ΔE^*、ΔC^*分别关于热处理温度（t）和时间（τ）的二元回归方程的R^2均在0.78以上。

第6章

真空热处理过程中木材颜色控制数学模型的构建

6.1 概述

国内外诸多学者对其颜色的变化规律做过大量研究（曹永建，2008；刘星雨，2010；史蔷，2011；江京辉，2013；Bekhta，et al.，2003；Johansson，et al.，2006；Brischke，et al.，2007；Esteves，et al.，2008a；Marcos，et al.，2009a；Sahin，et al.，2011；Aksoy，et al.，2012；Allegretti，et al.，2012；Srinivas，et al.，2012；Akgül，et al.，2012；Kamperidou，et al.，2013)，但还存在颜色变化控制难的问题。因此，如何实现高温热处理过程中木材颜色变化的控制，这既是本书的重点，也是本书的核心。

由于木材颜色的影响程度主要取决于热处理温度和时间，因此，可将第2章节的真空高温热处理过程中木材传热传质数学模型与第5章节的真空高温热处理木材颜色变化联系起来，从而解决木材颜色变化控制难的问题。

因此，真空高温热处理过程中木材颜色控制数学模型的构建可分三步来完成。

第一步，构建真空高温热处理过程中传热传质数学模型。在本书第2章节，给出了热质传递的控制方程、边界条件、初始条件及物理条件，构建了真空高温热处理过程中木材传热传质的数学模型。

第二步，测定热处理前后木材表面的颜色值，获取木材表面颜色值（ΔL^*、ΔE^*、ΔC^*等）关于热处理温度（t）和时间（τ）的多元线性回归方程（$y=f(t,\tau)$）。在本书第5章节，主要分析了真空高温热处理对西南桦木材颜色指标的影响，获取了木材表面颜色值（ΔL^*、ΔE^*、ΔC^*等）关于热处理温度（t）和时间（τ）的多元线性回归方程（$y=f(t,\tau)$）。

第三步，将第一步中真空高温热处理过程中传热传质数学模型中得到的时间（τ）和温度（t）代入到第二步中西南桦木材颜色值（ΔL^*、ΔE^*、ΔC^*等）关于热处理温度（t）和时间（τ）的多元线性回归方程（$y=f(t,\tau)$）中，即可知任意时间、任意温度下木材任意空间位置上的颜色值，进而实现真空高温热处理木材颜色变化的控制。

通过对“真空热处理过程中木材颜色变化控制数学模型的构建”，为分析后续的“木材颜色变化和木材化学成分变化的关系”等内容提供数据支撑。

6.2 假设条件

① 西南桦木材为散孔材，假设该木材每一空间位置的材质是均匀的；

② 假设热处理前后木材每一厚度层上的颜色是均匀的。

6.3 真空高温热处理过程中木材传热传质模型的解

同4.3节。

6.4 真空高温热处理过程中木材各化学成分差与热处理温度和时间的回归方程

由第5章节分析得到，西南桦热处理材L^*、ΔL^*、ΔE^*、ΔC^*分别关于热处理温度（t）和时间（τ）的二元回归方程为：$L^*=-0.2786t-1.346\tau+116.15$（$R^2=0.9047$），$\Delta L^*=-0.2786t-1.346\tau+39.37$（$R^2=0.9047$），$\Delta E^*=0.2562t+1.33\tau-34.723$（$R^2=0.8877$），$\Delta C^*=0.1583t+0.6421\tau-31.378$（$R^2=0.7803$）。

6.5　真空高温热处理过程中木材颜色控制的试验验证

将表 3-1 中试样编号为 1、6、11、16、21、22 和 23 的高温热处理试件沿其厚度方向进行分层（试件表面层和中心层），采用全自动色差计（SC-80C）记录该点的颜色值，将测量得出的 L^*、a^*、b^* 值按照公式（5.1）、式（5.5）和式（5.6）进行计算，分别得出 ΔL^*、ΔE^*、ΔC^*，以此来验证模型的吻合效果。

6.6　结果与分析

本研究将第 2 章节西南桦真空高温热处理过程中传热传质数学模型的解代入到第 5 章节西南桦木材颜色变化值（L^*、ΔE^*、ΔL^*、ΔC^*）关于热处理温度（t）和处理时间（τ）的二元回归方程中，即：$L^*=-0.2786t-1.346\tau+116.15$（$R^2=0.9047$），$\Delta L^*=-0.2786t-1.346\tau+39.37$（$R^2=0.9047$），$\Delta E^*=0.2562t+1.33\tau-34.723$（$R^2=0.8877$），$\Delta C^*=0.1583t+0.6421\tau-31.378$（$R^2=0.7803$），最后得到任意时间、任意温度下木材任意空间位置上的颜色值，进而实现了真空高温热处理过程中木材颜色变化的控制。

图 6-1～图 6-4 分别为西南桦木材在热处理温度为 200℃、绝对压力为 0.02MPa、初始含水率为 10%、厚度为 20mm 条件下 L^*、ΔL^*、ΔE^* 和 ΔC^* 在木材厚度方向上随着时间的演变图。从图 6-1～图 6-4 中可以看出：离木材表面越近，L^* 值越小，ΔL^* 值越小，ΔE^* 值越大，ΔC^* 越大；相反，离木材中心层越近，L^* 值越大，ΔL^* 值越大，ΔE^* 值越小，ΔC^* 越小。并且 L^*、ΔL^*、ΔE^* 和 ΔC^* 值沿中心层呈对称分布。

为验证真空高温热处理木材颜色变化模型的准确性，将木材沿厚度方向分层，分别测定木材表面层和中心层的颜色参数值，以此来评价模型值和试验值的吻合效果。图 6-5(a)～(c)分别为西南桦木材在热处理温度为 200℃、绝对压力为 0.02MPa、初始含水率为 10%、厚度为 20mm 下，从开始加温至热处理结束，ΔL^*、ΔE^* 和 ΔC^* 在表面层和中心层的模型值和试验值的对比图。

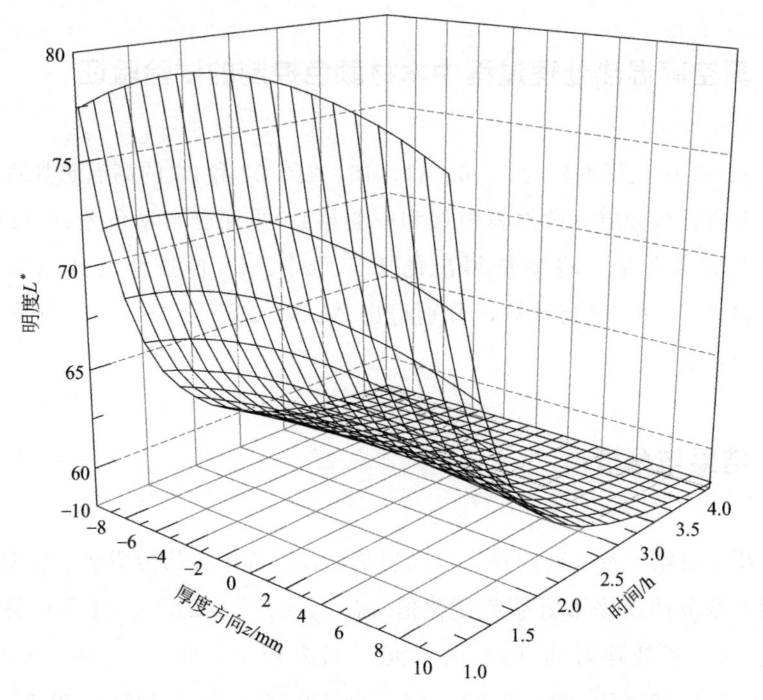

图 6-1　木材不同厚度位置明度（L^*）随时间的演变图

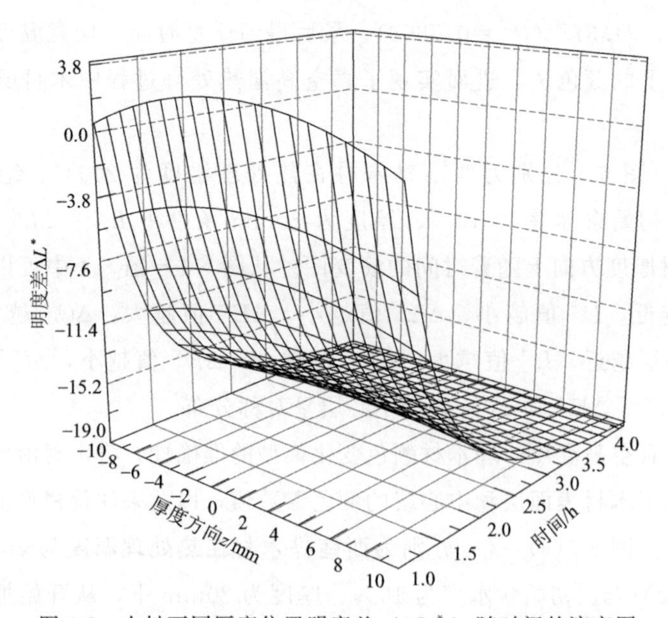

图 6-2　木材不同厚度位置明度差（ΔL^*）随时间的演变图

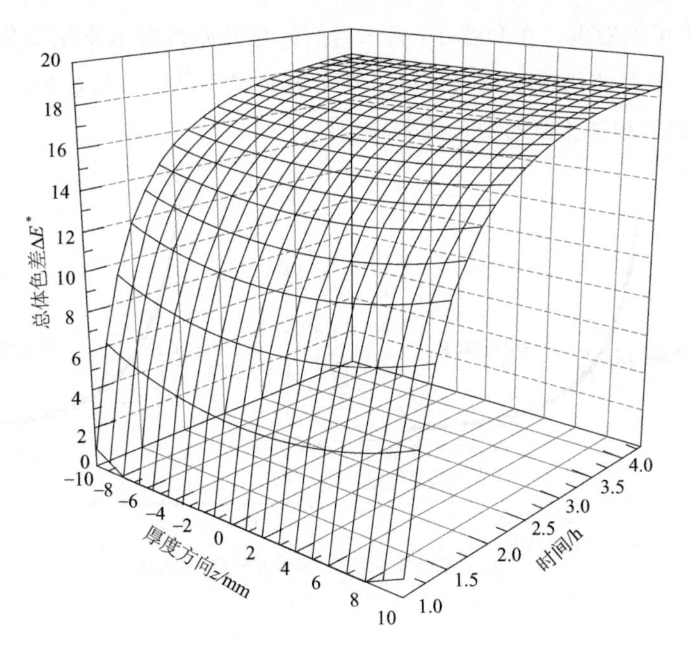

图 6-3　木材不同厚度位置总体色差（ΔE^*）随时间的演变图

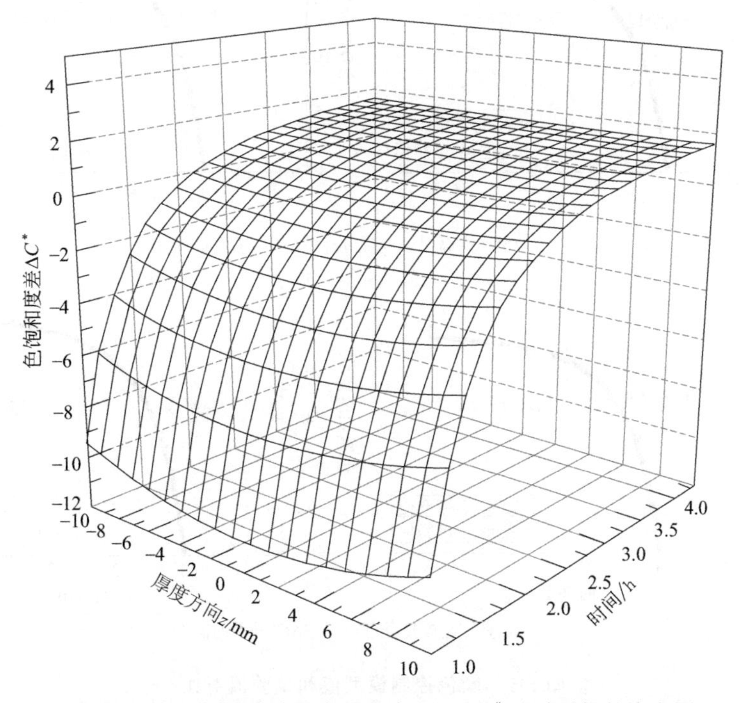

图 6-4　木材不同厚度位置色饱和度差（ΔC^*）随时间的演变图

从图 6-5 中可以看出，在升温 1h 后木材的颜色开始慢慢地发生变化，随着时间的延长，颜色变化越来越明显；不管是表面层还是中心层，ΔL^*、ΔE^* 和 ΔC^* 的模型值和试验值的吻合效果均较好。

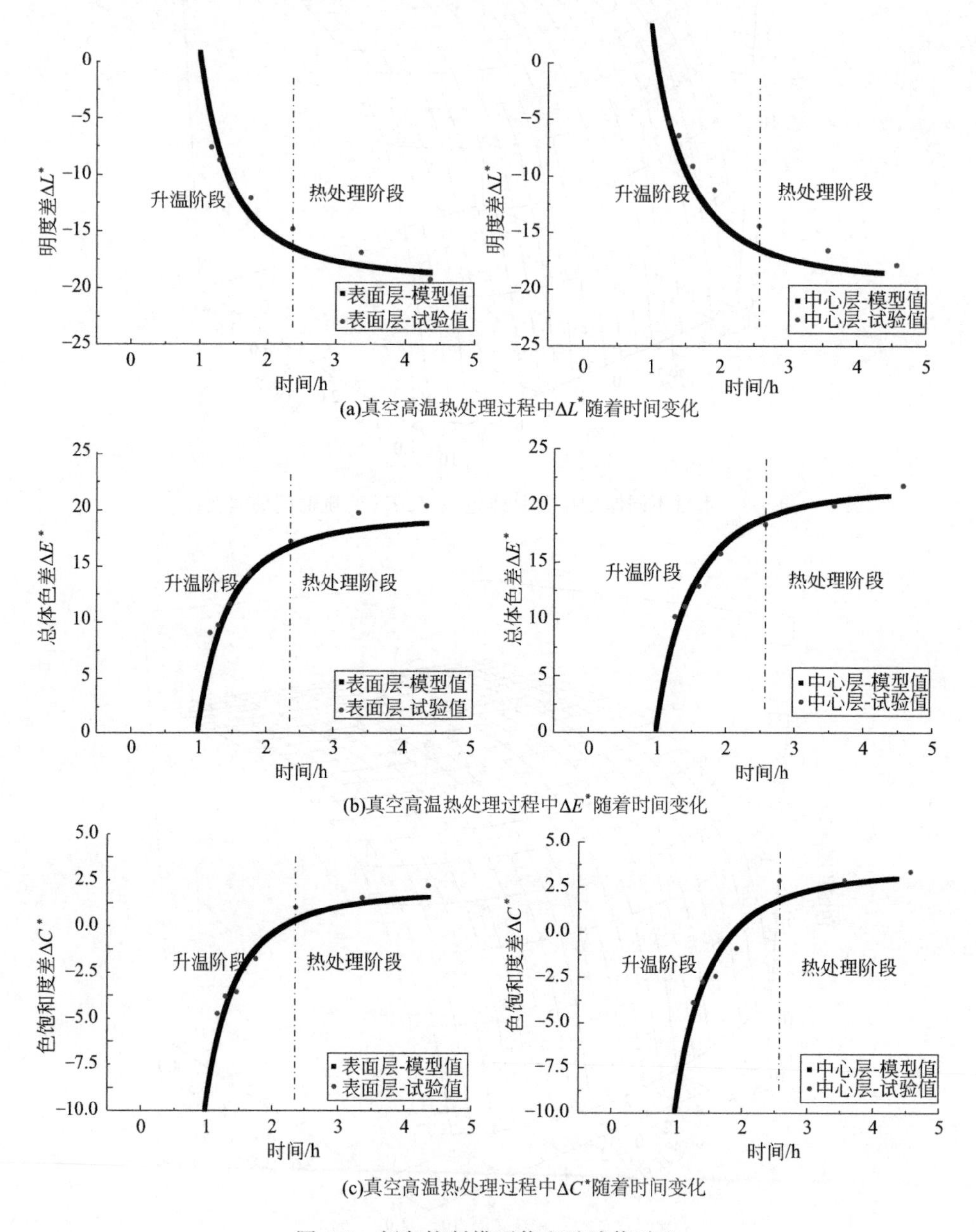

图 6-5 颜色控制模型值和试验值对比

表 6-1 为图 6-5(a)～(c)中木材各颜色指标的试验值与模型值相互一元回归方程，各试验值与模型值之间的 R^2 均在 0.93 以上。表 6-2 为图 6-5(a)～(c)中木材各颜色指标的试验值与模型值相互一元回归方程的方差分析，从表 6-2 的方差分析可以看出，各回归方程的显著性均极显著。因此，用真空高温热处理过程中木材的热质迁移原理来指导木材颜色的控制是可行的。

该模型值和试验值还存在着一定的误差，可能是以下两个方面的原因造成的：①第 2 章中，真空热处理过程中木材传热传质数学模型的结果与试验结果存在着一定的差异；②第 5 章中木材颜色变化值关于热处理温度和时间的二元回归方程的 R^2 小于 1，所以也存在着一定的差异。

表 6-1　木材各颜色指标的试验值与模型值相互一元回归方程

各颜色指标	因变量 y	自变量 x	回归方程	决定系数 R^2
ΔL^*	模型值	试验值	①$y=1.3248x+3.5363$	0.9661
	试验值	模型值	②$y=0.7293x-2.9799$	0.9661
ΔE^*	模型值	试验值	③$y=0.9983x-0.8044$	0.9525
	试验值	模型值	④$y=0.9340x+1.6588$	0.9525
ΔC^*	模型值	试验值	⑤$y=0.9799x-0.2707$	0.9340
	试验值	模型值	⑥$y=0.9327x+0.0905$	0.9340

表 6-2　木材各颜色指标的试验值与模型值相互一元回归方程的方差分析

回归方程	差异源	自由度 DF	平方和 SS	均方和 MS	F 值	P 值	显著性
方程①	模型	1	140.18	141.18	75.088	0.0003	极显著
	残余	5	9.401	1.880			
	总计	6	150.58				
方程②	模型	1	103.74	103.74	75.088	0.0003	极显著
	残余	5	6.908	1.382			
	总计	6	110.64				
方程③	模型	1	120.49	120.49	88.031	0.0002	极显著
	残余	5	6.844	1.369			
	总计	6	127.34				
方程④	模型	1	122.40	122.40	88.031	0.0002	极显著
	残余	5	6.952	1.390			
	总计	6	129.35				

续表

回归方程	差异源	自由度 DF	平方和 SS	均方和 MS	F 值	P 值	显著性
方程⑤	模型	1	45.090	45.090	70.323	0.0004	极显著
	残余	5	3.206	0.6412			
	总计	6	48.296				
方程⑥	模型	1	45.961	45.961	70.323	0.0004	极显著
	残余	5	3.268	0.6536			
	总计	6	49.558				

6.7 小结

本章节在对第 2 章节以及第 5 章节研究的基础上，将木材颜色变化指标与热处理温度和时间的二元回归方程与真空高温热处理过程中木材传热传质的数学模型结合起来，建立了真空高温热处理过程中木材颜色控制的数学模型，并用试验的方法进行了验证，实现了木材颜色变化的控制。研究结果如下：

①离木材表面越近，L^* 值越小，ΔL^* 值越小，ΔE^* 值越大，ΔC^* 越大；相反，离木材中心层越近，L^* 值越大，ΔL^* 值越大，ΔE^* 值越小；ΔC^* 越小；并且 L^*、ΔL^*、ΔE^* 和 ΔC^* 值沿中心层呈对称分布。

②将颜色控制模型的数学值和试验值的吻合效果进行了对比，不管是表面层还是中心层，ΔL^*、ΔE^* 和 ΔC^* 的模型值和试验值的吻合效果均较好，各试验值与模型值之间的 R^2 均在 0.93 以上。因此，用真空高温热处理过程中木材的热质迁移原理来指导木材颜色的控制是可行的。

第7章
真空热处理木材颜色变化机理

7.1 概述

在真空高温热处理过程中，木材颜色的变化主要是由于化学成分的变化所引起的。因此，本章节在对第3章节的“木材化学成分的变化规律研究”和第5章节的“木材颜色的变化规律”以及第4章节的“木材化学成分控制数学模型”和第6章节的“木材颜色控制数学模型”研究的基础上，分析二者的关系，获取二者的回归方程，为探讨木材颜色变化机理奠定基础，并采用UV、FTIR、XPS等现代先进仪器手段研究真空高温热处理后木材化学组分含量的变化、化学官能团的变化等，从本质上阐述热处理材颜色变化的内在原因。

7.2 试验材料与方法

7.2.1 试验材料

将表3-1中试件编号为10、15、20和25的热处理材的冷水抽提物、热水抽提物、苯-醇抽提物滤液，用于与三氯化铁溶液、浓硫酸、明胶、浓盐酸（沸水浴）、浓盐酸加镁粉（沸水浴）颜色反应的测定。

将表3-1中试件编号为25的热处理材、对照组以及文献（徐忠勇，2013）中西南桦过热蒸汽热处理材（工艺条件：热处理温度200℃、热处理时间4h、水蒸气介质升温速度15℃/h）粉碎至40～60目的木粉，用于紫外光谱（UV）分析。

将表 3-1 中试件编号为 10、15、20 和 25 的热处理材及对照组粉碎至 100 目的木粉，用于傅里叶红外光谱（FTIR）分析。

将表 3-1 中试件编号为 25 的热处理材、对照材以及文献（徐忠勇，2013）中西南桦过热蒸汽热处理材的弦切面切成 20μm 左右的切片，用于 X 射线光电子能谱（XPS）分析。

7.2.2 试验方法

7.2.2.1 冷水、热水及苯-醇抽提物的显色反应

分别将木粉的冷水抽提物、热水抽提物、苯-醇抽提物的滤液用三氯化铁溶液、浓硫酸、明胶、浓盐酸（沸水浴）、浓盐酸加镁粉（沸水浴）进行颜色反应测试（曹燕燕，2010；史蔷，2011；陈瑶，2012）。其中，苯-醇抽提物与三氯化铁溶液、浓硫酸、浓盐酸（沸水浴）的颜色反应结果见图 7-1。

(a) 与三氯化铁的显色反应

(b) 与浓硫酸的显色反应

(c) 与浓盐酸(沸水浴)的显色反应

图 7-1　苯-醇抽提物与三氯化铁溶液、浓硫酸、浓盐酸（沸水浴）的颜色反应

7.2.2.2 热处理前后木材紫外光谱（UV）分析

使用乙醇-水溶液（2∶1）将样品抽提 6～8h（抽提方法依据国家标准 GB/T 2677.4—93），并存于锥形瓶中备用；采用紫外光谱分析仪器（型号：TU-1810，北京普析通用仪器有限责任公司）对试样进行紫外光谱测试（史蔷，2011）。

7.2.2.3　热处理前后木材傅里叶红外光谱（FTIR）分析

取一定量的绝干木粉和光谱溴化钾按照 1∶150 的比例充分混合，在玛瑙研钵中研磨至粉末状（整个过程保持木粉和溴化钾绝干），用专用器具粉末压片机［型号：FW-4A，安合盟（天津）科技发展有限公司］将其压制成薄片，放入红外光谱仪（型号：Varian 640-IR）中进行扫描，记录 4000～400cm^{-1}的红外吸收光谱。

7.2.2.4　热处理前后木材 X 射线光电子能谱（XPS）分析

所用仪器为美国物理电子公司的 X 射线光电子能谱（型号：PHI5500），Mg 靶，操作电压为 8kV，电流为 30mA，扫描范围为 0～1150eV，英国 VG MKII 型仪器的扫描范围为 0～1253.6eV；试样面积 1mm×1mm，测试之前，先将试样抽真空以除去试样中的水分；木材 C_{1s} 谱和 O_{1s} 谱均通过 Oringin8.5 软件进行曲线拟合分峰得到。

7.3　结果与讨论

7.3.1　木材化学成分变化与木材颜色变化的关系

7.3.1.1　三大素变化与木材颜色变化的关系

高温热处理过程中木材颜色的变化是由三大素的变化引起的，国内外学者对热处理过程中木材化学成分的变化和木材颜色变化的相关性进行了研究。Esteves et al.（2008a）对海岸松颜色与化学成分的关系进行了分析，发现 ΔL^* 与葡萄糖含量的决定系数 $R^2=0.96$，与半纤维素含量的决定系数 $R^2=0.92$，与木素含量的决定系数 $R^2=0.86$。Marcos et al.（2009a）对山毛榉、苏格兰松、挪威云杉的明度差 ΔL^* 和总体色差 ΔE^* 与木素、半纤维素和纤维素的含量关系进行了分析，发现热处理木材的总体色差 ΔE^* 与木素的含量成正相关关系，与半纤维素和纤维素的含量成负相关关系；ΔL^* 与木素的含量成负相关关系，与半纤维素和纤维素的含量成正相关关系，相关性极显著。曹永建（2008）建立了杉木心、边材和毛白杨杉木 ΔL^*、ΔE^*、ΔC^* 与综纤维素、纤维素、木质素损失率等的回归关系，均具有较高的决定系数。

(1) 三大素变化与木材颜色变化的试验回归关系

本研究中为分析热处理后西南桦木材综纤维素含量差(ΔHo)、纤维素含量差(ΔCe)、半纤维素含量差(ΔHe)和木质素含量差(ΔLi)分别与ΔL^*、ΔE^*和ΔC^*的关系,在对第3章节和第5章节内容分析的基础上,得到西南桦热处理材ΔHo、ΔCe、ΔHe和ΔLi分别关于ΔL^*、ΔE^*和ΔC^*的试验线性回归方程(表7-1),各回归方程的R^2均在0.88以上。表7-2为回归方程的方差分析,从表7-2的方差分析可以看出,各回归方程的显著性均为极显著。

表7-1 试验得到的三大素含量差关于各大颜色指标差的回归方程

三大素含量差 y	各颜色指标值 x	回归方程	决定系数 R^2
ΔHo	ΔL^*	①$y=0.0047x+0.0295$	0.9396
	ΔE^*	②$y=-0.0050x+0.0358$	0.9283
	ΔC^*	③$y=-0.0087x-0.0482$	0.9581
ΔHe	ΔL^*	④$y=0.0029x+0.0195$	0.8967
	ΔE^*	⑤$y=-0.0031x+0.0236$	0.8909
	ΔC^*	⑥$y=-0.0054x-0.0290$	0.9028
ΔCe	ΔL^*	⑦$y=0.0018x+0.0100$	0.8853
	ΔE^*	⑧$y=-0.0019x+0.0122$	0.8664
	ΔC^*	⑨$y=-0.0033x-0.0191$	0.9221
ΔLi	ΔL^*	⑩$y=-0.0049x-0.0317$	0.8975
	ΔE^*	⑪$y=0.0052x-0.0383$	0.8867
	ΔC^*	⑫$y=0.0092x+0.0499$	0.9153

表7-2 试验得到的三大素含量差关于各大颜色指标差回归方程的方差分析

回归方程	差异源	自由度 DF	平方和 SS	均方和 MS	F值	P值	显著性
方程①	模型	1	0.005616	0.005616	151.29	<0.0001	极显著
	残余	18	0.0006682	3.712×10^{-5}			
	总计	19	0.006284				
方程②	模型	1	0.005584	0.005584	143.57	<0.0001	极显著
	残余	18	0.00070001	3.890×10^{-5}			
	总计	19	0.006284				
方程③	模型	1	0.005330	0.005330	100.49	<0.0001	极显著
	残余	18	0.0009547	5.304×10^{-5}			
	总计	19	0.006284				

续表

回归方程	差异源	自由度 DF	平方和 SS	均方和 MS	F 值	P 值	显著性
方程④	模型	1	0.002189	0.002189	100.74	<0.0001	极显著
	残余	18	0.0003911	2.173×10^{-5}			
	总计	19	0.002582				
方程⑤	模型	1	0.002209	0.002209	107.20	<0.0001	极显著
	残余	18	0.0003709	2.061×10^{-5}			
	总计	19	0.002582				
方程⑥	模型	1	0.002009	0.002009	63.36	<0.0001	极显著
	残余	18	0.0005710	3.172×10^{-5}			
	总计	19	0.002580				
方程⑦	模型	1	0.0007926	0.0007926	101.58	<0.0001	极显著
	残余	18	0.0001405	7.803×10^{-6}			
	总计	19	0.0009331				
方程⑧	模型	1	0.0007687	0.0007687	84.163	<0.0001	极显著
	残余	18	0.0001644	9.133×10^{-6}			
	总计	19	0.0009331				
方程⑨	模型	1	0.0007941	0.0007941	102.83	<0.0001	极显著
	残余	18	0.0001390	7.722×10^{-6}			
	总计	19	0.0009331				
方程⑩	模型	1	0.006314	0.006314	118.55	<0.0001	极显著
	残余	18	0.0009587	5.326×10^{-5}			
	总计	19	0.007273				
方程⑪	模型	1	0.006367	0.006367	126.49	<0.0001	极显著
	残余	18	0.0009060	5.033×10^{-5}			
	总计	19	0.007273				
方程⑫	模型	1	0.006364	0.006364	126.01	<0.0001	极显著
	残余	18	0.0009090	5.050×10^{-5}			
	总计	19	0.007273				

图7-2为试验得到的西南桦热处理材各颜色指标差值（ΔL^*、ΔE^*和ΔC^*）与各化学成分差值（ΔHo、ΔHe、ΔCe和ΔLi）关系图。从图7-2中可以看出，ΔL^*与ΔHo、ΔHe、ΔCe和ΔLi的相关性较好；ΔE^*与ΔHo、

ΔHe、ΔCe 和 ΔLi 的相关性较好；ΔC^* 与 ΔHo、ΔHe、ΔCe 和 ΔLi 的相关性也较好。

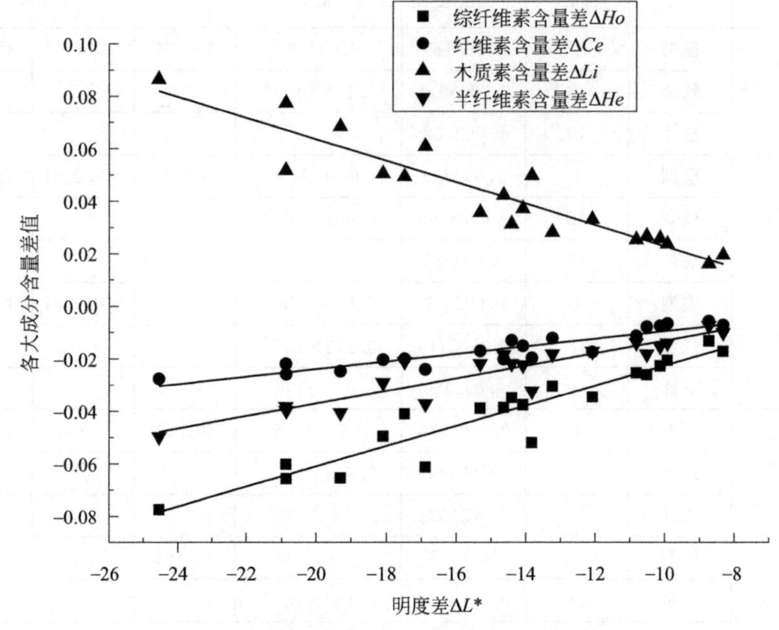

(a) 试验得到的ΔL^*与$\Delta Ho/\Delta Ce/\Delta He/\Delta Li$的关系

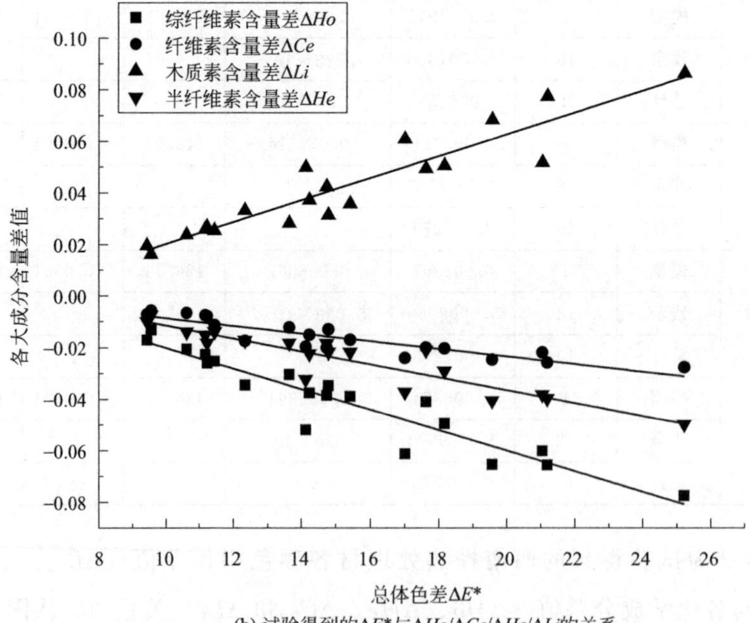

(b) 试验得到的ΔE^*与$\Delta Ho/\Delta Ce/\Delta He/\Delta Li$的关系

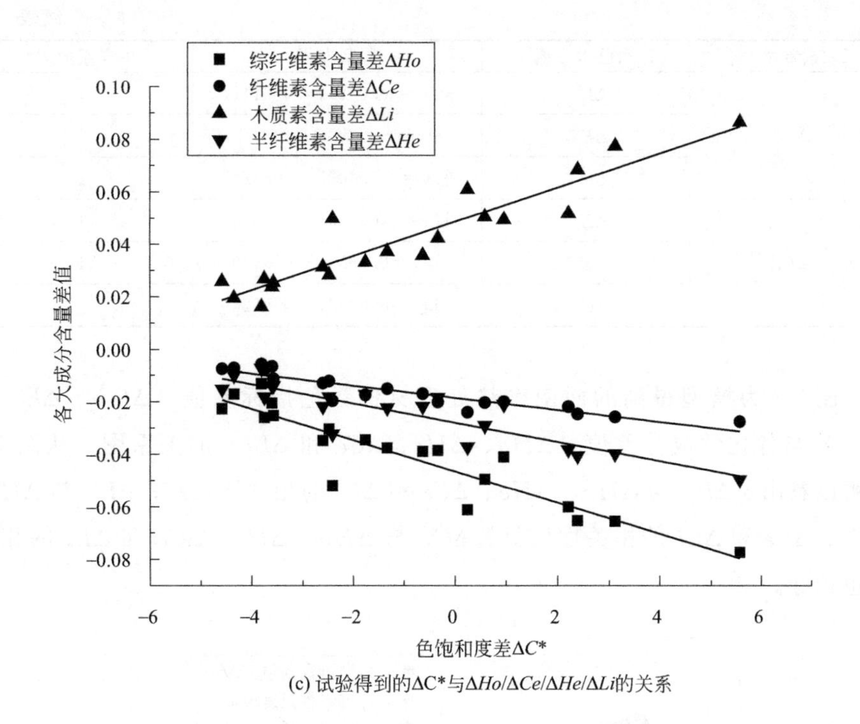

(c) 试验得到的ΔC*与ΔHo/ΔCe/ΔHe/ΔLi的关系

图 7-2　试验得到的各颜色指标差值与各化学成分差值的关系图

（2）三大素变化与木材颜色变化的模型回归关系

本研究中为分析热处理后西南桦木材 ΔHo、ΔCe、ΔHe 和 ΔLi 分别与 ΔL^*、ΔE^* 和 ΔC^* 的关系，在对第 4 章节和第 6 章节内容分析的基础上，得到西南桦热处理材 ΔHo、ΔCe、ΔHe 和 ΔLi 分别关于 ΔL^*、ΔE^* 和 ΔC^* 的模型线性回归方程（表 7-3），各回归方程的 R^2 均为 1。

表 7-3　模型中得到的三大素含量差关于各大颜色指标差的回归方程

三大素含量差 y	各颜色指标值 x	回归方程	决定系数 R^2
ΔHo	ΔL^*	①$y=0.0053x+0.0273$	1
	ΔE^*	②$y=-0.0058x+0.0357$	1
	ΔC^*	③$y=-0.0093x-0.057$	1
ΔHe	ΔL^*	④$y=0.0031x+0.0202$	1
	ΔE^*	⑤$y=-0.0034x+0.025$	1
	ΔC^*	⑥$y=-0.0054x-0.0288$	1

续表

三大素含量差 y	各颜色指标值 x	回归方程	决定系数 R^2
ΔCe	ΔL^*	⑦$y=0.0021x+0.0117$	1
	ΔE^*	⑧$y=-0.0023x+0.015$	1
	ΔC^*	⑨$y=-0.0037x-0.0217$	1
ΔLi	ΔL^*	⑩$y=-0.0055x-0.0343$	1
	ΔE^*	⑪$y=0.0059x-0.0429$	1
	ΔC^*	⑫$y=0.0096x+0.0524$	1

图 7-3 为模型得到的西南桦热处理材各颜色指标差值（ΔL^*、ΔE^* 和 ΔC^*）与各化学成分差值（ΔHo、ΔHe、ΔCe 和 ΔLi）的关系图。从图 7-3 中可以看出，ΔL^* 与 ΔHo、ΔHe、ΔCe 和 ΔLi 的相关性较好；ΔE^* 与 ΔHo、ΔHe、ΔCe 和 ΔLi 的相关性较好；ΔC^* 与 ΔHo、ΔHe、ΔCe 和 ΔLi 的相关性也较好。

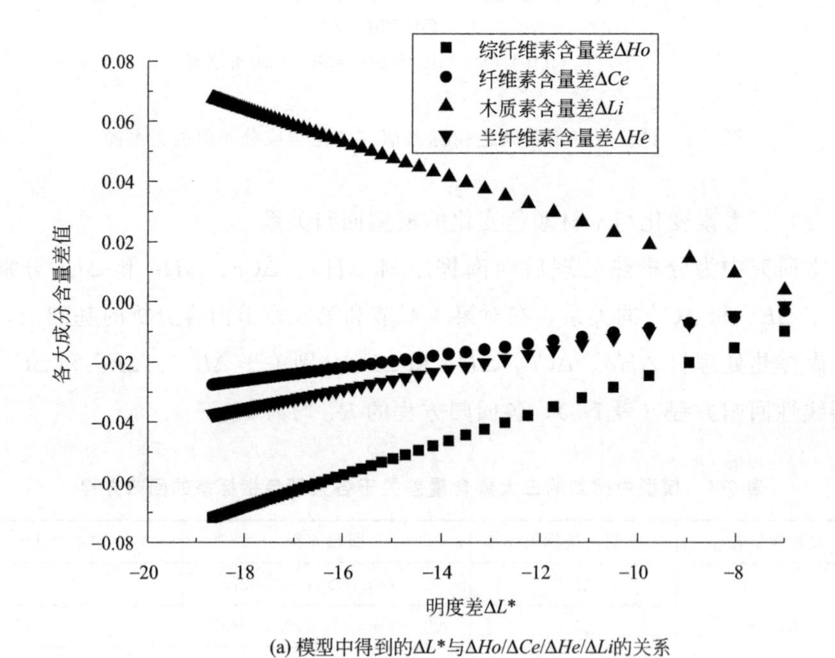

(a) 模型中得到的ΔL^*与$\Delta Ho/\Delta Ce/\Delta He/\Delta Li$的关系

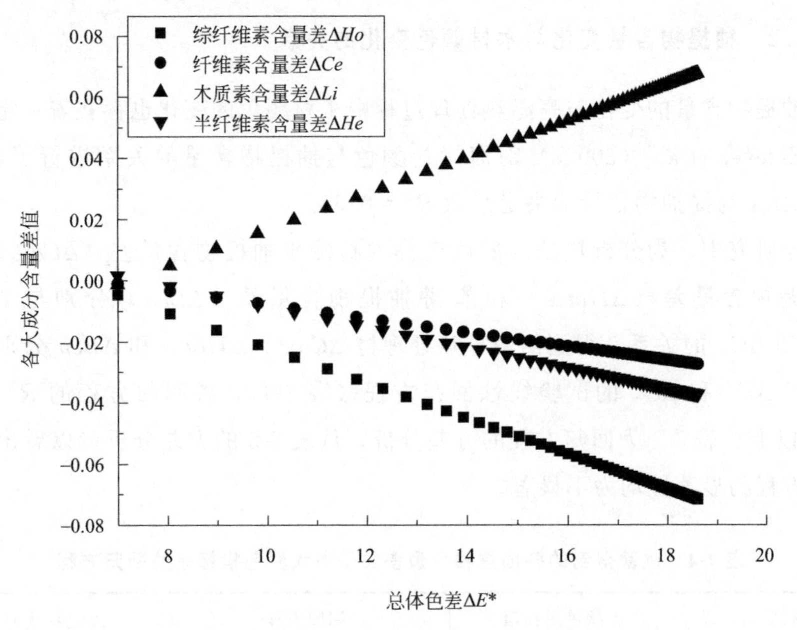

(b) 模型中得到的ΔE^*与$\Delta Ho/\Delta Ce/\Delta He/\Delta Li$的关系

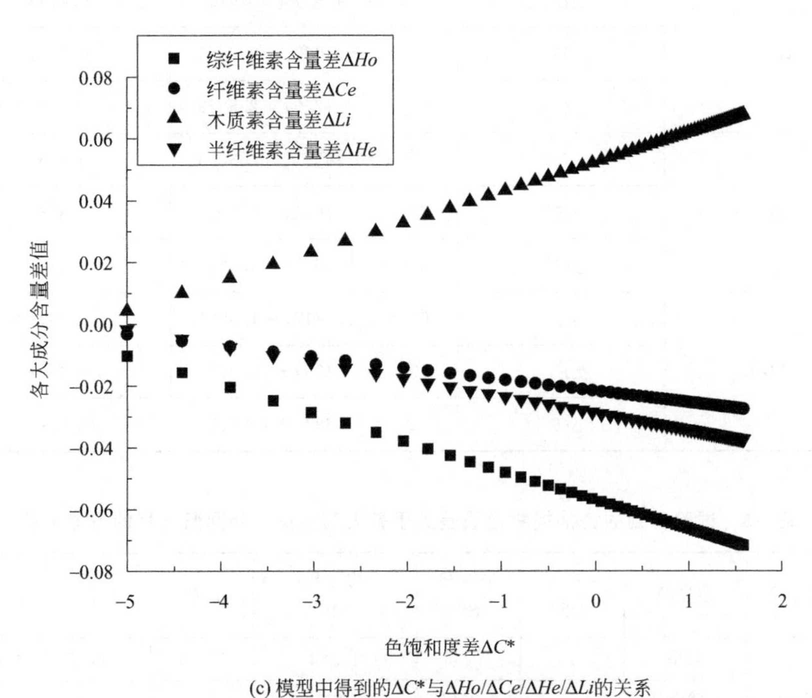

(c) 模型中得到的ΔC^*与$\Delta Ho/\Delta Ce/\Delta He/\Delta Li$的关系

图 7-3　模型中得到的各颜色指标差值与各化学成分差值的关系图

7.3.1.2 抽提物含量变化与木材颜色变化的关系

抽提物含量的变化与高温热处理过程中木材颜色的变化也存在着一定的关系。Esteves et al.（2008a）对海岸松颜色与抽提物含量的关系进行了分析，发现 ΔL^* 与提抽物含量的决定系数 $R^2=0.62$。

本研究中，为分析热处理后西南桦木材冷水抽提物含量差（ΔCow）、热水抽提物含量差（$\Delta Hotw$）和苯-醇抽提物含量差（ΔBen）分别与 ΔL^*、ΔE^* 和 ΔC^* 的关系，得到西南桦热处理材 ΔCow、$\Delta Hotw$ 和 ΔBen 分别关于 ΔL^*、ΔE^* 和 ΔC^* 的试验线性回归方程（表 7-4），各回归方程的 R^2 均在 0.66 以上。表 7-5 为回归方程的方差分析，从表 7-5 的方差分析可以看出，各回归方程的显著性均为不显著。

表 7-4 试验得到的各抽提物含量差关于各大颜色指标差的回归方程

各抽提物含量差 y	各颜色指标值 x	回归方程	决定系数 R^2
ΔCow	ΔL^*	①$y=0.1060x-0.7613$	0.7758
	ΔE^*	②$y=-0.1080x-0.6815$	0.8001
	ΔC^*	③$y=-0.1729x-2.5029$	0.8583
$\Delta Hotw$	ΔL^*	④$y=0.1659x-0.6380$	0.8262
	ΔE^*	⑤$y=-0.1694x-0.5050$	0.8566
	ΔC^*	⑥$y=-0.2677x-3.3647$	0.8951
ΔBen	ΔL^*	⑦$y=-0.0447x+1.5031$	0.7028
	ΔE^*	⑧$y=0.0435x+1.5074$	0.6601
	ΔC^*	⑨$y=0.0687x+2.2415$	0.6894

表 7-5 试验得到的各抽提物含量差关于各大颜色指标差回归方程的方差分析

回归方程	差异源	自由度 DF	平方和 SS	均方和 MS	F 值	P 值	显著性
方程①	模型	1	1.286	1.283	6.921	0.1192	不显著
	残余	2	0.3708	0.1854			
	总计	3	1.654				

续表

回归方程	差异源	自由度 DF	平方和 SS	均方和 MS	F 值	P 值	显著性
方程②	模型	1	1.323	1.323	8.004	0.1055	不显著
	残余	2	0.3306	0.1653			
	总计	3	1.654				
方程③	模型	1	1.419	1.419	12.114	0.0736	不显著
	残余	2	0.2343	0.1172			
	总计	3	1.654				
方程④	模型	1	3.140	3.140	9.510	0.0910	不显著
	残余	2	0.6603	0.3302			
	总计	3	3.800				
方程⑤	模型	1	3.255	3.255	11.943	0.0745	不显著
	残余	2	0.5451	0.2725			
	总计	3	3.800				
方程⑥	模型	1	3.402	3.402	17.073	0.0539	不显著
	残余	2	0.3985	0.1992			
	总计	3	3.800				
方程⑦	模型	1	0.2284	0.0084	4.730	0.1617	不显著
	残余	2	0.09659	0.04829			
	总计	3	0.3250				
方程⑧	模型	1	0.2145	0.2145	3.884	0.1875	不显著
	残余	2	0.1105	0.05524			
	总计	3	0.3250				
方程⑨	模型	1	0.2241	0.2241	4.439	0.1697	不显著
	残余	2	0.1009	0.05047			
	总计	3	0.3250				

图 7-4 为试验得到的西南桦热处理材各颜色指标差值（ΔL^*、ΔE^* 和 ΔC^*）与各抽提物含量差值（ΔCow、$\Delta Hotw$ 和 ΔBen）的关系图。从图 7-4 中可以看出，ΔL^* 与 ΔCow、$\Delta Hotw$ 和 ΔBen 的相关性一般；ΔE^* 与 ΔCow、$\Delta Hotw$ 和 ΔBen 的相关性一般；ΔC^* 与 ΔCow、$\Delta Hotw$ 和 ΔBen 的相关性也一般。

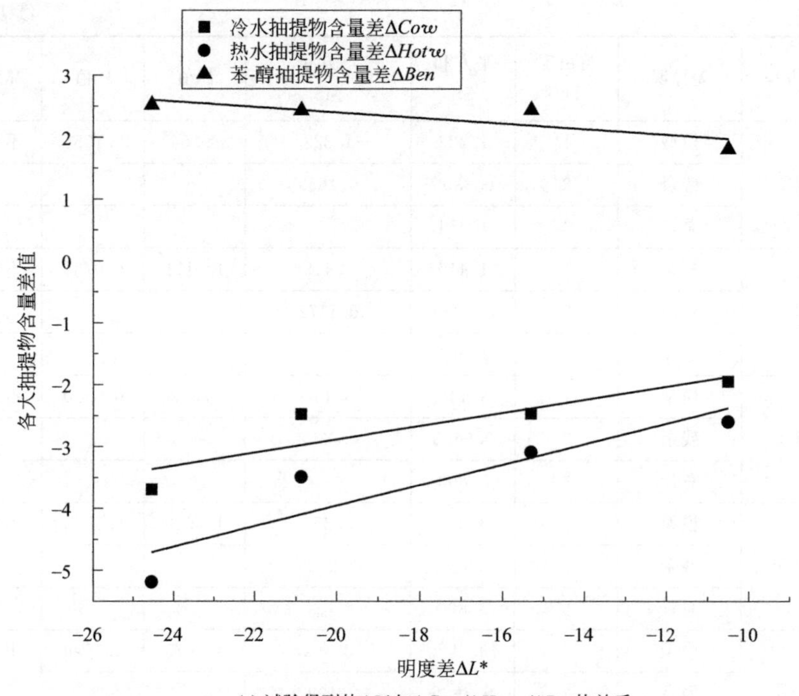

(a) 试验得到的ΔL^*与$\Delta Cow/\Delta Hotw/\Delta Ben$的关系

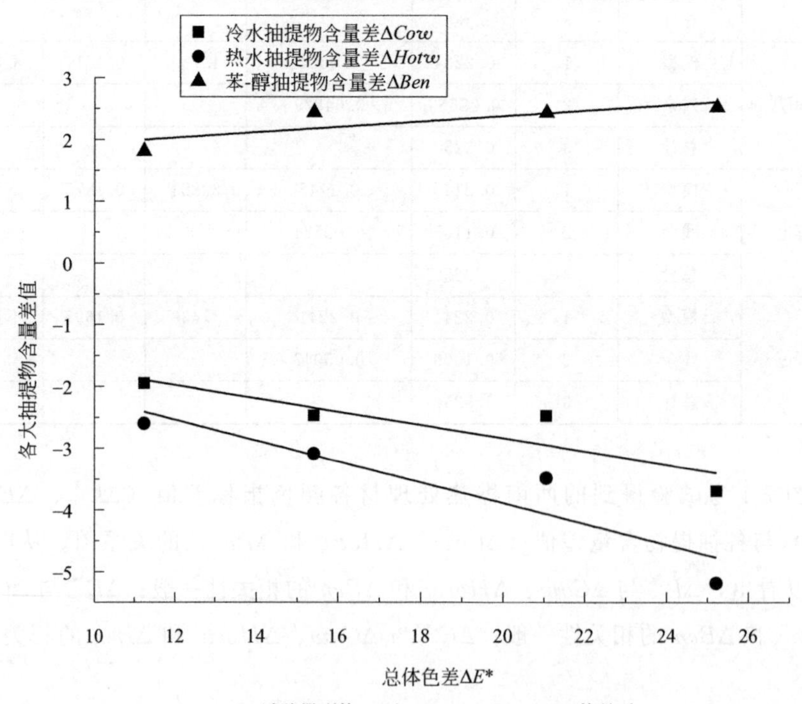

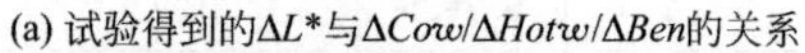

(b) 试验得到的ΔE^*与$\Delta Cow/\Delta Hotw/\Delta Ben$的关系

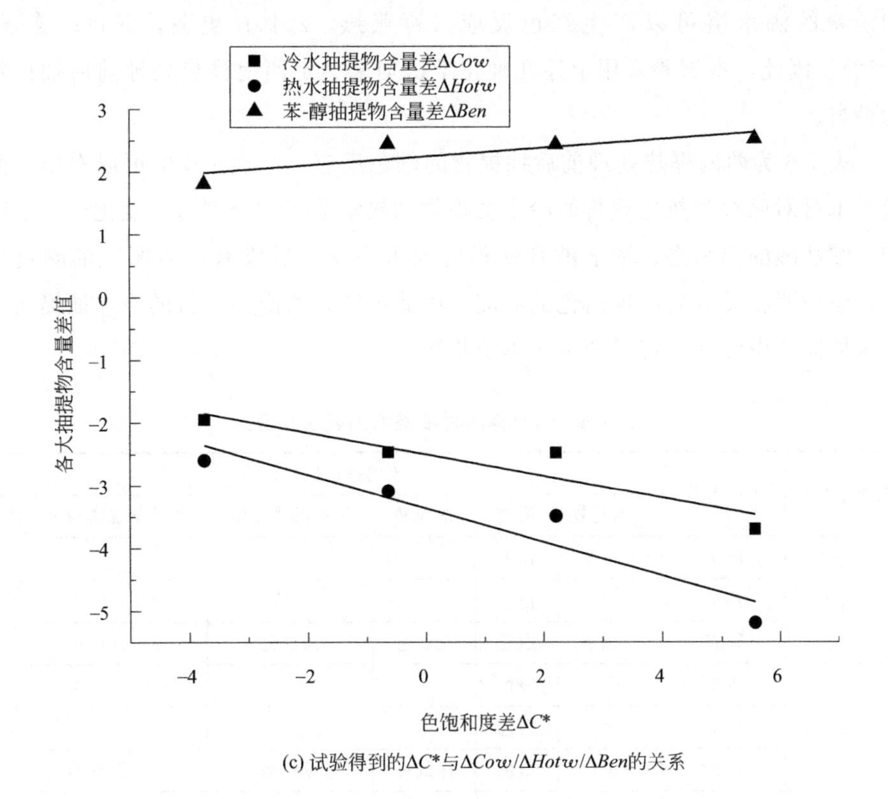

(c) 试验得到的ΔC^*与$\Delta Cow/\Delta Hotw/\Delta Ben$的关系

图 7-4　试验得到的各颜色指标差值与各抽提物含量差值的关系图

7.3.2　冷水、热水及苯-醇抽提物的显色反应

虽然抽提物（如黄酮和鞣质）只占植物组分含量的一小部分，但对木材颜色的影响却是较大的（成俊卿，1985；彭万喜，等，2004；Charrier，1995；Luostarinen，et al.，2004；Luostarinen，2006）。

木材抽提物中酚类、单宁类、黄酮类物质与木材颜色的产生有很大的关系（曹燕燕，2010；史蔷，2011；陈瑶，2012）。其中，酚类物质、鞣质类物质与三氯化铁溶液能发生颜色反应，变成黑色，因此，这种特殊的颜色反应可作为酚类物质、鞣质类物质的定性测试；鞣质类物质和明胶产生白色沉淀；浓硫酸和凝缩类鞣质类物质产生红色反应；鞣质类物质水溶液加入 NaCl 可使单宁凝聚成为沉淀；盐酸的沸水浴和无色花色素产生红色反应；黄酮类物质与浓盐酸加镁粉的沸水浴可以产生红色反应（曹燕燕，2010；史蕾，2011；陈瑶，2012）。因此，本试验采用上述几种化学试剂来鉴定西南桦热处理前后抽提物的种类。

表7-6为西南桦热处理前后抽提物的颜色反应。从表7-6中可以看出，西南桦木材对照材和热处理材的冷水抽提物和热水抽提物分别与三氯化铁、浓硫酸、浓盐酸的沸水浴、浓盐酸和镁粉的沸水浴反应后没有产生明显的颜色反应，但与明胶反应后产生白色的沉淀。由此可知，西南桦木材的冷水抽提物和热水抽提物中含有一定量的水解单宁物质。

表7-6　西南桦木材抽提物的颜色反应

热处理方式	抽提方式	不同颜色反应试剂				
		三氯化铁	明胶	浓硫酸	浓盐酸沸水浴	浓盐酸加镁粉沸水浴
对照组	冷水	—	白色	—	—	—
	热水	—	白色	—	—	—
	苯-醇	淡黑色	白色	淡红色	淡红色	淡红色
170℃,4h	冷水	—	白色	—	—	—
	热水	—	白色	—	—	—
	苯-醇	深黑色	白色	深红褐	深红褐	深红褐
180℃,4h	冷水	—	白色	—	—	—
	热水	—	白色	—	—	—
	苯-醇	深黑色	白色	深红褐	深红褐	深红褐
190℃,4h	冷水	—	白色	—	—	—
	热水	—	白色	—	—	—
	苯-醇	深黑色	白色	深红褐	深红褐	深红褐
200℃,4h	冷水	—	白色	—	—	—
	热水	—	白色	—	—	—
	苯-醇	深黑色	白色	深红褐	深红褐	深红褐

另外，三氯化铁与西南桦苯-醇抽提物反应后显黑色沉淀，说明苯-醇抽提物中含有酚类物质；明胶与西南桦苯-醇抽提物反应后生成白色沉淀，生成的白色沉淀为单宁类物质的凝缩物（即凝缩类鞣质类物质），鞣质中具有多酚羟基，所以很容易被氧化而变色；浓盐酸的沸水浴与西南桦苯-醇抽提物反应后产生紫红色沉淀，说明抽提物中含有酚类、单宁物质；浓盐酸和镁粉的沸水浴

与西南桦苯-醇抽提物反应产生紫红色沉淀，说明抽提物中含有黄酮类物质。

正是由于木材在热处理过程中，部分水溶性的抽提物迁移并且沉积在木材表面，抽提物含量及成分发生了一定的变化，生成了更多的酚类物质等其他有颜色的物质，因此才使得木材颜色加深（Sundqvist，2002；Nuopponen，et al.，2003；Fan，et al.，2010）。虽然 Marcos et al.（2009a）认为抽提物成分对木材颜色的影响要小于木质素和半纤维素对其的影响，但它也是热处理木材颜色变化的一个原因。

7.3.3　热处理前后木材 UV 分析

木材可吸收波长为400～700nm 的可见光，然后又将其反射到人的眼睛，就产生了颜色。对于饱和有机化合物而言，通常是以单键结合，π 电子活性小，所以跃迁时需要的激发能量就大；而不饱和有机化合物，通常是以共轭双键结合，π 电子活性大，所以跃迁时需要的激发能量就小，波长可从紫外光区移动到可见光区，从而使得木材显现出颜色（曹永建，2008）。

热处理后木材的颜色会变深，通常认为木质素是木材颜色产生的主要的原因（史蕾，2011；曹永建，2008）。木质素中含有许多发色基团，如苯环、羰基、乙烯基和松柏醛基等，发色基团自身颜色的变化也是引起木材颜色变化的主要原因之一（蒋挺大，2001；郭京波，2005；史蕾，2011；Bourgois，et al.，1991；Sundqvist，2004；Persson，et al.，2006；Marcos，et al.，2009a）。其中，松柏醛基由苯环、羰基和乙烯基三个基本发色基团组成，是一种含有 C═O 和 C═C 共轭结构的大型发色基团（曹永建，2008），这些发色基团比较容易被氧化，使木材呈现出不同的颜色（蒋挺大，2001；郭京波，2005）。间苯三酚与木质素中的松柏醛基发生氧化反应生成间苯三酚化合物和松柏醛，木材则显紫红色（史蕾，2011）。木质素氧化后还会产生醌类化合物，也会使木质素变色，如亚硫酸盐蒸制浆过程中，木质素中的愈创木基脱甲基后，氧化产生酮类化合物，木质素会变为深褐色（秋增昌，2004；谭东，1994）。木质素中不仅含乙烯基（R—CH ═ CH—R）、松柏醛基（$C_{10}H_{10}O_3$）、苯环、羰基（—C=O）、邻醌、二芳环、对醌等发色基团，同时含有大量的醚（R—O—R）、酚羟基（Ar—OH）、醇羟基（R—OH）、羧基（—COOH）和氨基（—NH_2）等助色基团，发色基团和助色基团以一定的形式结合构成复杂的发色系统，使木材具有不同的颜色（曹永建，2008；史蕾，

2011；Johansson，2006）。Marcos et al.（2009a）认为，木质素对热处理过程中木材颜色的影响要远大于碳水化合物对其的影响。

木质素具有芳香结构，木素中的各种发色基团可吸收紫外光，而碳水化合物则不能吸收紫外光（Okamura，2001；Sakakibara，2001），所以可用紫外光吸收光谱来鉴定木素的结构（史蔷，2011）。木质素明显的吸收峰位于205nm和280nm附近（Goldschmid，1971；Fukazawa，1992）。针叶材和阔叶材的木质素结构不同，所以吸收峰的位置也会有一定的差异，通常情况下针叶材280nm位置的吸收峰会位移至280～285nm，阔叶材的会位移至274～276nm（Hon，1991）。

图7-5为西南桦木材热处理前后乙醇-水抽提物的紫外光谱分析。从图7-5中可以看出，西南桦木材的对照组和真空热处理材以及过热蒸汽处理材的醇-水溶液抽提物在210nm、280nm、400～500nm处有明显的吸收峰。

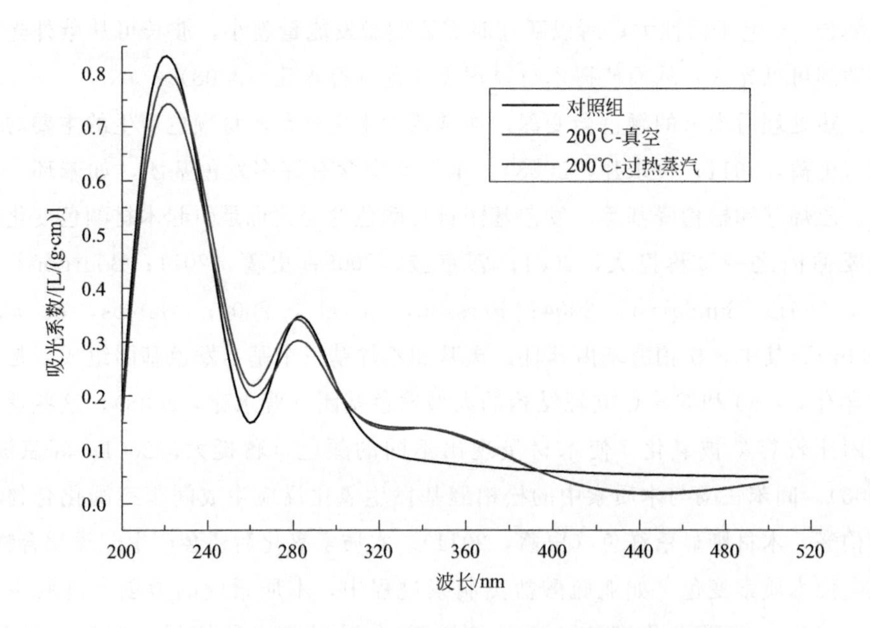

图7-5　西南桦木材热处理前后乙醇-水抽提物的紫外光谱分析

波长210nm处是木质素E_2带的特征吸收峰，为木素侧链不饱和结构特征吸收峰（史蔷，2011）。对照组和真空热处理材以及过热蒸汽处理材在波长210nm处的吸收峰均明显，但真空热处理材以及过热蒸汽处理材的吸收峰均变宽，此处吸收峰变宽表明在热处理过程中有一些有颜色物质形成。

波长 280nm 处是木质素的 B 带特征吸收峰，当抽提物中的苯环等受到羟基（—OH）和甲氧基（$—OCH_3$）等助色基团影响时，会使木材颜色加深（史蔷，2011）。真空热处理材以及过热蒸汽处理材在波长 280nm 处的吸收峰均明显变宽，此处吸收峰变宽表明在热处理过程中芳香结构形成（如糠醛和/或甲基糠醛）（Tjeerdsma，et al.，1998）。

波长 350nm 处是木素的 R 带特征吸收峰，西南桦在热处理前未发现在此处有吸收峰，但经真空热处理和过热蒸汽热处理后发现有较宽的吸收峰，导致可见光范围产生吸收；这是由于木素中含氧基团 $n—\pi^*$ 跃迁导致的，表明热处理使得苯环上的羟基（—OH）数量有一定的增加（王晓峰，2008；史蔷，2011），并且吸收峰加宽至 400nm 的可见光区，使木材在可见光范围产生吸收，吸光强度增加，使得热处理木材的颜色加深（史蔷，2011）。真空热处理材以及过热蒸汽处理材在波长 350nm 处的吸收峰均明显。

真空热处理材以及过热蒸汽处理材在波长 400～500nm 处的吸收峰有所增强，木材偏向红色，可能是由于加热后木材中的多元酚类物质氧化成醌类物质而显紫红色所致。另外光谱在可见光区的广泛吸收，导致木材明度指数下降；在该波长范围内，木素分子中的羧基（—COOH）、酚羟基（Ar—OH）以及与苯环共轭的羰基（—C ═O）、碳-碳双键（C ═C）等发色基团数量增加，使共轭体系能量降低，导致木材颜色加深（史蔷，2011）。

史蔷（2011）在对圆盘豆木材的心材进行 UV 分析时发现，对照组的心材在 380nm 处吸收峰较强，并且较宽；380nm 处为槲皮素的吸收峰，说明抽提物中有黄酮类物质存在。在 400nm 左右的强吸收使对照组木材显黄色，但热处理后心材在 380nm 处的吸收大为减弱，黄色褪去。本试验的研究对象——西南桦木材热处理前的颜色偏淡白，在 380nm 位置没有发现明显的吸收峰。

虽然木质素被认为是木材颜色产生的主要的原因，但纤维素和半纤维素在热处理过程中的变化也会促使木材颜色加深。纤维素分离出来一般为白色，但在高温热处理的作用下，纤维素发生热裂解反应，水分中的羟基（—OH）和纤维素中的羟基（—OH）之间的氢键破裂，在纤维素表面间形成了新的氢键结合，使得非结晶区发生了超微观结构的重组，从而导致纤维素结晶区增加，结晶度增高，纤维素中大量的羟基（—OH）被氧化生成羰基（—C ═O）和羧基（—COOH），羰基（—C ═O）和羧基（—COOH）基团的增加，使木材颜色加深（曹永建，2008）。

半纤维素分离出来也是白色，但半纤维素热降解后会形成一些有颜色的产物（如糠醛等发色基团），导致了木材颜色的变化（Wienhaus，1999；Persson，2003；Sundqvist，2004）。这些热降解产物和木材中的抽提物以及其他如低分子量的糖、氨基酸的化学成分在热处理的过程中会迁移到木材的表面，导致木材表面的颜色要比中心层的深（Dubey，2010）。

总体来说，木材中不仅含有羰基（—C═O）、羧基（—COOH）、乙烯基（R—CH═CH—R）、苯环、邻醌、二芳环、对醌等不饱和双键共轭体发色基团，而且含有羟基（—OH）、醚基（R—O—R）、羧基（—COOH）氨基（$—NH_2$）等助色基团。这些基团主要存在于木质素结构中，以及少量组分黄酮、酚、芪类结构中。发色基团和助色基团在某种化合物中以一定的形式结合，便产生颜色，此时其吸收光谱从紫外光区延伸到整个可见光区，使颜色加深（曹永建，2008）。热处理过程中木材纤维素和半纤维素多糖类物质的降低，生成了更多的羰基（—C═O）和羧基（—COOH），木素的含量增加以及木素的氧化反应等变化最终导致了木材的颜色逐步向褐色至深褐色变化。

7.3.4 热处理前后木材 FTIR 分析

在高温热处理的条件下，木材中的化学成分会发生一定的变化。首先是半纤维素的脱乙酰化反应，接着是脱乙酰化过程中释放出来的乙酸加剧半纤维素的降解（Tjeerdsma，et al.，1998；Sivonen，et al.，2002；Nuopponen，et al.，2004）。同时，纤维素还会产生脱水反应，引起亲水性羟基（—OH）数量的减少（Weiland，et al.，2003）。通常情况下，半纤维素最先受到热的降解，接着是纤维素和木质素（Esteves，et al.，2008b）。

图 7-6 为 4000～800 cm^{-1} 段西南桦木材热处理前后的木材红外光谱对比图，表 7-7 为西南桦木材的红外特征吸收峰。从表 7-7 和图 7-6 中可以看出，西南桦木材真空高温热处理后在 4000～800cm^{-1} 范围内的吸收峰位置基本上没有发生位移，但吸收峰强度有明显的变化。

在 3446cm^{-1} 处有明显的吸收峰，3446cm^{-1} 处归属纤维素的羟基（—OH）吸收峰，随着热处理温度的升高，其吸收峰强度明显地减弱。

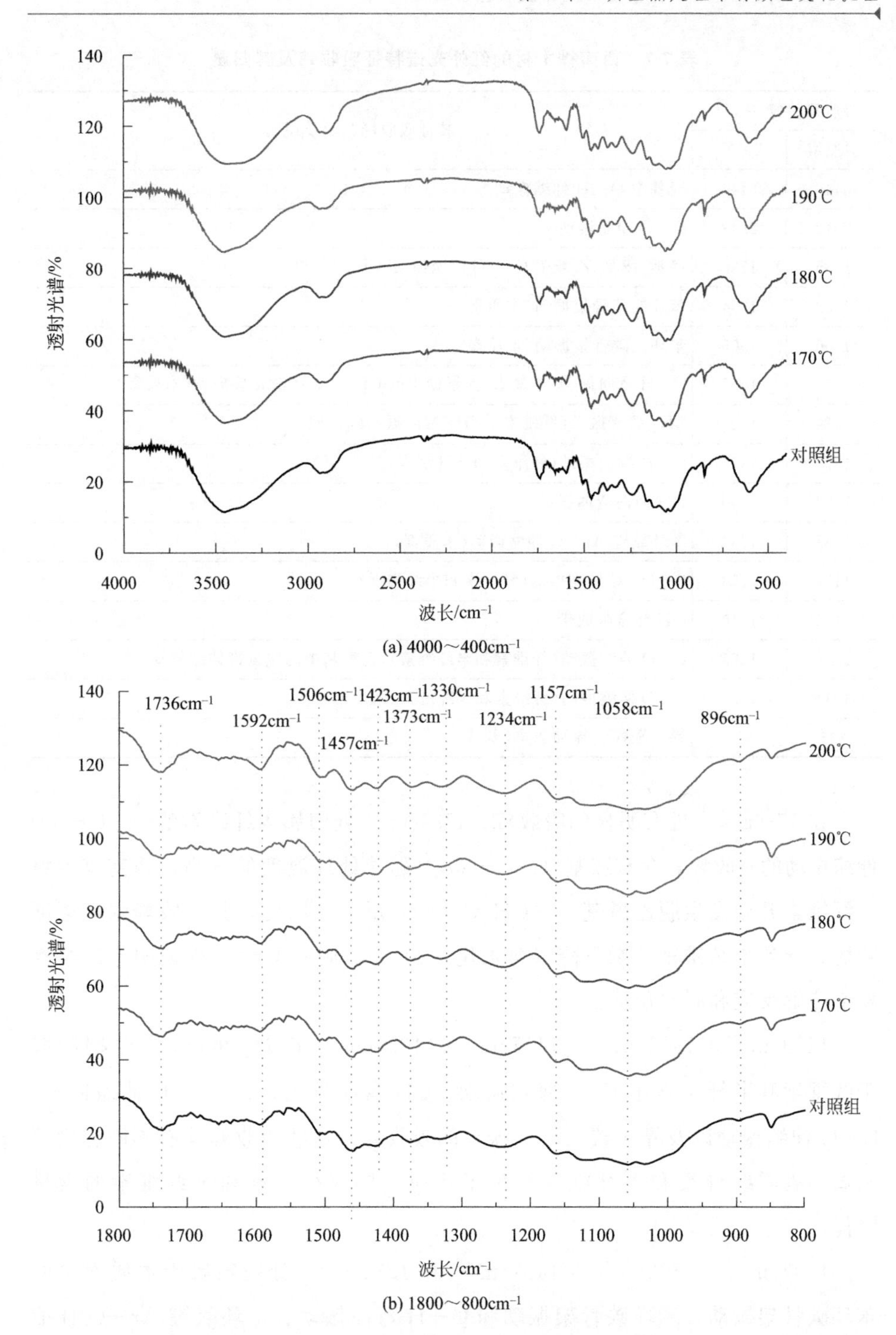

图 7-6　不同热处理条件下西南桦木材的红外光谱图

表 7-7　西南桦木材的红外光谱特征吸收峰及其归属

吸收峰位置/cm^{-1}		特征吸收峰归属及说明
对照组	200℃	
3446	3444	羟基中 O—H 伸缩振动
2912	2912	C—H 伸缩振动
1735	1736	羰基、羧基、乙酰中 C═O 伸缩振动($CH_3C═O$)
1592	1594	苯环的碳骨架振动(木质素)
1506	1505	苯环的碳骨架振动(木质素)
1456	1457	C—H 弯曲振动(木质素、壳聚糖中的 CH_2),苯环的骨架振动(木质素)
1429	1423	CH_2 剪式振动(纤维素),CH_2 弯曲振动(木质素)
1375	1373	C—H 弯曲振动(纤维素和半纤维素)
1332	1330	OH 面内弯曲振动
1235	1234	苯环氧键 Ar—O 伸缩振动(木质素)
1157	1158	C—O—C 伸缩振动(纤维素和半纤维素)
1114	1110	OH 缔合吸收带
1058	1055	C—O 伸缩振动(纤维素和半纤维素),乙酰基中的烷氧键伸缩振动
1031	1033	C—O 伸缩振动(纤维素和半纤维素,木质素)
896	895	异头碳(C_1)振动频率(多糖)

在 1736cm^{-1} 处有明显的吸收峰，1736cm^{-1} 处归属半纤维素的（—C═O）伸缩振动的吸收峰，含有羰基（—C═O）。随着处理温度的升高，西南桦木材半纤维素开始发生脱乙酰基（—CH_3C═O）反应，因此，其吸收峰强度逐渐减弱，导致半纤维素含量下降（曹永建，2008）。脱乙酰化过程表明半纤维素发生热解反应和脱水反应。

1423cm^{-1}、1373cm^{-1}、1157cm^{-1}、1058cm^{-1} 以及 896cm^{-1} 分别归属于纤维素和半纤维素中 CH_2 剪式振动、CH 弯曲振动、C—O—C 伸缩振动、C—O 伸缩振动以及异头碳（C_1）振动的吸收峰，这些吸收峰均有不同程度的减弱，表明纤维素和半纤维素发生了反应，导致纤维素和半纤维素的含量降低。

1592cm^{-1}、1506cm^{-1}、1457cm^{-1} 和 1234cm^{-1} 分别归属于木质素中的苯环碳骨架振动、苯环碳骨架振动和 C—H 弯曲振动、苯环氧键 Ar—O 伸缩振动，这些吸收峰均有不同程度的变化。1592cm^{-1}、1506cm^{-1} 吸收峰强度的增加可能是木质素脂肪侧链分裂（曹永建，2008；史蕾，2011；Ucar，et al.，2005）的结果；1330cm^{-1} 吸收峰强度的增加可能是木质素的缩合反应引起交联反应（Faix et al.，1992）的结果，1330cm^{-1} 吸收峰强度的增加表明木素结构中 α，β-不饱和酮和共轭羰基（如 α—C ═O）等基团增加（陈瑶，2012）；1457cm^{-1} 吸收峰强度的增加表明在热处理的过程中共轭双键结构增加或延长（陈瑶，2012）。这些发色基团的增加是木材热处理颜色加深的主要原因。这些吸收峰强度的增强暗示酚羟基含量升高，也表明了木材中木质素的相对含量升高。

7.3.5 热处理前后木材的 XPS 分析

7.3.5.1 高温热处理前后木材表面元素的构成分析

图 7-7 为西南桦真空高温热处理前后和过热蒸汽高温热处理前后表面的 XPS 宽扫描图谱。表 7-8 为西南桦木材高温热处理前后表面元素的基本组成及相对含量。

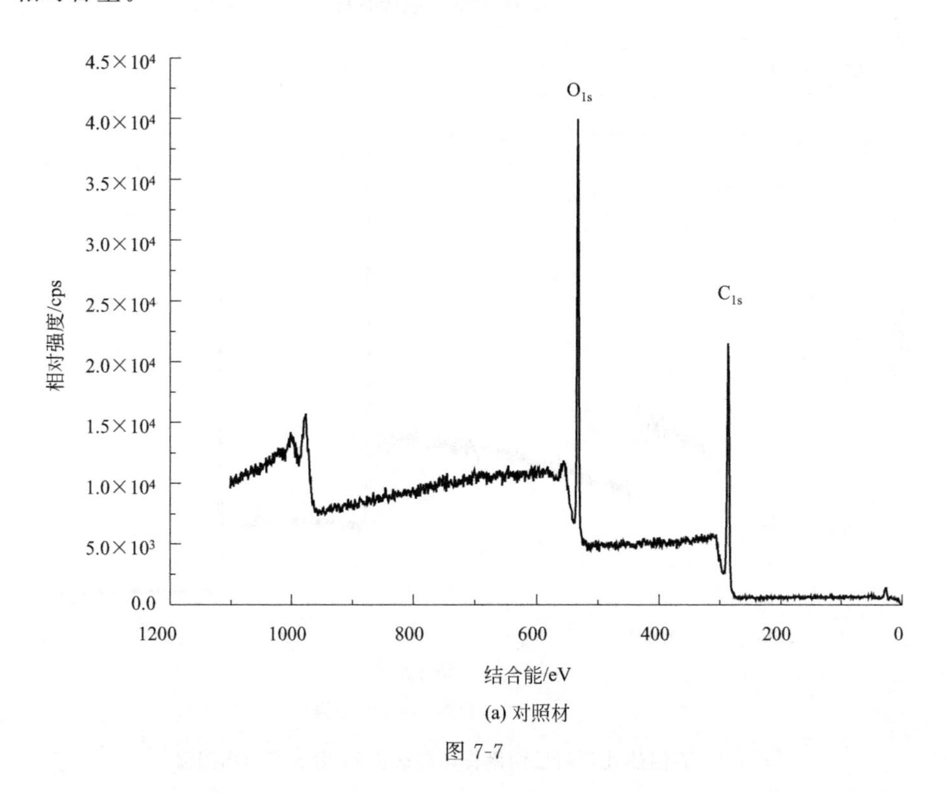

(a) 对照材

图 7-7

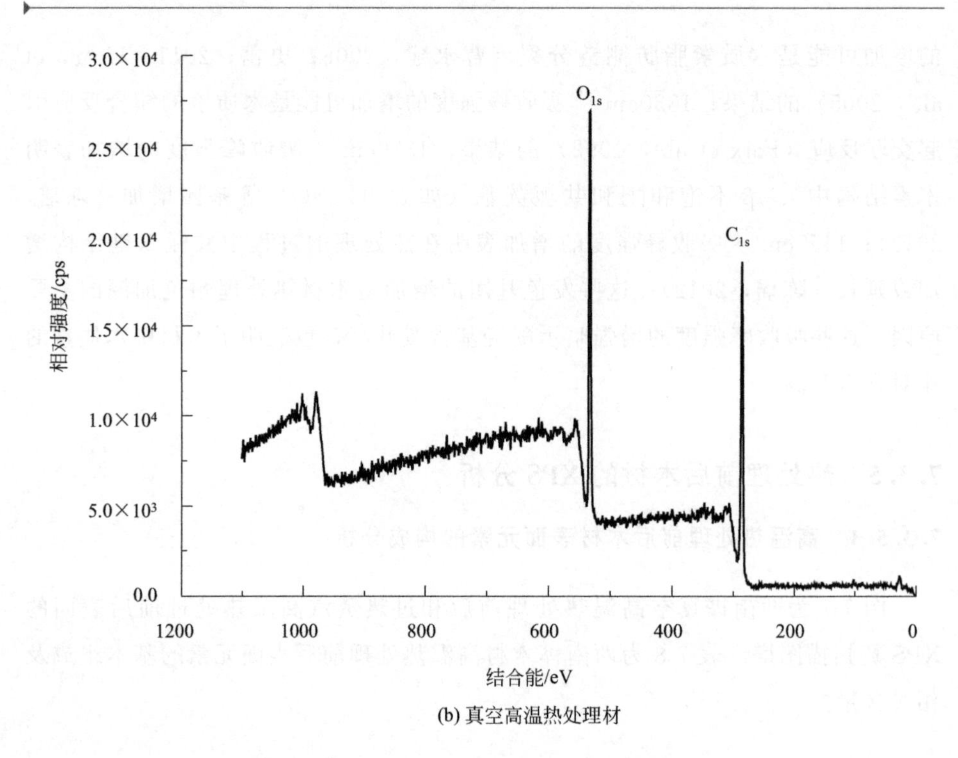

(b) 真空高温热处理材

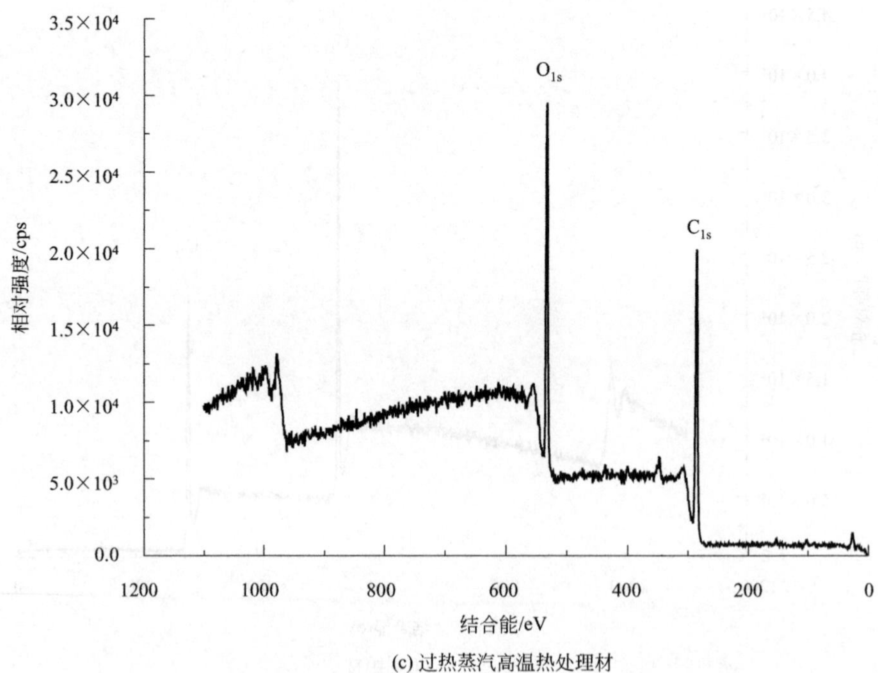

(c) 过热蒸汽高温热处理材

图 7-7　高温热处理前后西南桦木材表面的 XPS 宽扫描图谱

表 7-8　木材表面元素的基本组成、相对含量及氧碳比

样品	C_{1s}/%	O_{1s}/%	N_{1s}/%	Si_{2p}/%	Ca_{2p}/%	O/C/%
对照材	62.71	37.29	—	—	—	59.46
真空热处理材	67.20	31.80	0.08	0.91	—	47.32
过热蒸汽热处理材	65.55	32.82	0.36	0.28	0.99	50.07

从图 7-7 和表 7-8 可知，高温热处理后木材表面化学元素发生了一定的变化。西南桦真空热处理后以及过热蒸汽热处理后，木材表面增加了少量的 N、Si 和 Ca 等元素。Inari et al.（2006）认为，在热降解的条件下，木材中挥发性抽提物成分的蒸发以及热降解中挥发性副产物的形成，导致在木材表面有更多的污染物沉淀；另外，木材放在室内其表面会很快地被或多或少地污染。通常情况下，O/C 越高，说明碳水化合物相对含量越高；O/C 越低，说明木质素相对含量越高（Koubaa，et al.，1996；Kocaefe，et al.，2012）。

本研究中，西南桦真空热处理后和过热蒸汽后，O/C 从 59.46%分别降低到 47.32%和 50.07%。由此可得，不管是真空热处理还是过热蒸汽热处理后，木材的 O/C 均降低，说明热处理后木材表面碳原子相对含量均增加，氧原子相对含量均减少；木材表面的含氧官能团（如羧基、乙酰基、羟基等）的减少，表明木质素相对含量的增加以及碳水化合物的降低。本研究中热处理后木材的 O/C 降低，这和史蔷（2011）对圆盘豆、Inari et al.（2006）对欧洲山毛榉和白桦（*Betula papyrifera*）、Windeisen et al.（2007）对欧洲山毛榉、Kocaefe et al.（2012）对山杨的研究结果相吻合。

高温热处理后木材的 O/C 降低主要归因于，在热处理过程中，碳水化合物脱水导致挥发性副产物（如糖醛或乙酸）形成、半纤维素降解所引起的木素相对含量增高以及降解副产物中新成分的形成（Inari，et al.，2006；Kocaefe，et al.，2013）。但 Kocaefe et al.（2012）在对杰克松的 O/C 进行分析时发现，杰克松热处理材的 O/C 都比对照组高。Kamdem et al.（1999）研究表明，木材中的 C 相对含量高表明木材表面有抽提物成分的存在且含量高，抽提物在木材表面的存在在一定程度上增加了 C_1 的相对含量，导致 O/C 的降低。未处理的杰克松含有丰富的富含碳的提抽物（如蜡、脂肪、萜烯）和木质素愈炝木基丙烷单元（Gérardin，et al.，2007），在热处理的过程中，部分富含碳的抽提物被抽提出来，C 的含量减少，所以导致较高的 O/C。这也证实了提抽物

对木材表面的富聚碳是有影响的（Inari，et al.，2011），所以会出现未处理杰克松的 O/C 低于杰克松热处理材的 O/C 这种现象。

总体上来讲，O/C 的变化和木材表面抽提物含量的变化有关，并且与木材中木质素和其他成分中含氧官能团的变化也有关。所以，在热处理过程中 O/C 不同的变化趋势可以归因于不同的木材其化学成分含量不同以及化学结构不同（Kocaefe，et al.，2013）。

在本研究中，真空热处理后西南桦木材表面含氧官能团减少的比过热蒸汽热处理后的要多，表明西南桦经真空高温热处理后碳原子增加的要比过热蒸汽高温热处理后的多。这应该归因于热处理方式的不同。在真空热处理条件下，几乎没有氧气存在，所以就几乎没有氧化反应的产生；另外，在真空条件下，水的沸点降低，木材中的水分在温度较低的情况下就已蒸发完毕，几乎没有水分参与到化学成分的水解中去，所以木材中碳的含量会较高，导致一个较低的 O/C 比。在过热蒸汽热处理过程中，由于一直有水分的存在，所以就有水分一直参与到木材化学成分的水解中去，从而导致一个较高的 O/C 比。

7.3.5.2 木材表面的 C_{1s} 图谱分析

C_{1s} 层的电子结合能的大小与碳原子结合的原子或基团有关，因此，根据其结合方式的不同，可将木材中的碳原子划分为以下几种结合形式（Dorris，et al.，1978；Barry，et al.，1990；Liu，et al.，1998；Kamdem，et al.，2001；Inari，et al.，2006；Popescu，et al.，2009）。

第 1 类（C_1）（Dorris，et al.，1978；Barry，et al.，1990；Liu，et al.，1998；Kamdem，et al.，2001；Inari，et al.，2006；Popescu，et al.，2009）：碳原子与其他饱和碳原子或氢原子连接，即—C—H—、—C—C—结构。因为 C_1 类中没有氧原子，所以被称为非含氧碳原子。

第 2 类（C_2）（Dorris，et al.，1978；Barry，et al.，1990；Liu，et al.，1998；Kamdem，et al.，2001；Inari，et al.，2006；Popescu，et al.，2009）：碳原子与一个氧原子以单键连接，即—C—O—。因为 C_2 类中含有氧原子，所以被称为含氧碳原子。

第 3 类（C_3）（Dorris，et al.，1978；Barry，et al.，1990；Liu，et al.，

1998；Kamdem，et al.，2001；Inari，et al.，2006；Popescu，et al.，2009)：碳原子与一个羰基类氧原子或两个非羰基类氧原子连接，即—C ═O 或—O—C—O—。因为 C_3 类中含有氧原子，所以被称为含氧碳原子。

第 4 类（C_4）(Dorris，et al.，1978；Barry，et al.，1990；Liu，et al.，1998；Kamdem，et al.，2001；Inari，et al.，2006；Popescu，et al.，2009)：碳原子（羧酸及其酯类衍生物结构中的酰氧基碳原子）与一个羰基类氧原子及一个非羰基类氧原子连接，即—O—C ═O。因为 C_4 类中含有氧原子，所以被称为含氧碳原子。

为了评价西南桦热处理材表面化学结构的变化，采用 Origin8. 5 软件对其 C_{1s} 的光电子能谱的高分辨图谱进行了拟合，图 7-8 为西南桦热处理前后表面的 C_{1s} 的光电子能谱图，表 7-9 为其 C_{1s} 测试数据。从图 7-8 中可知，西南桦对照材拟合出 3 个峰，真空高温热处理材拟合出 3 个峰，而过热蒸汽高温热处理材拟合出 4 个峰，说明西南桦过热蒸汽高温热处理材中有 C_4 的出现。以上三组试样 C_{1s} 的拟合效果均良好。

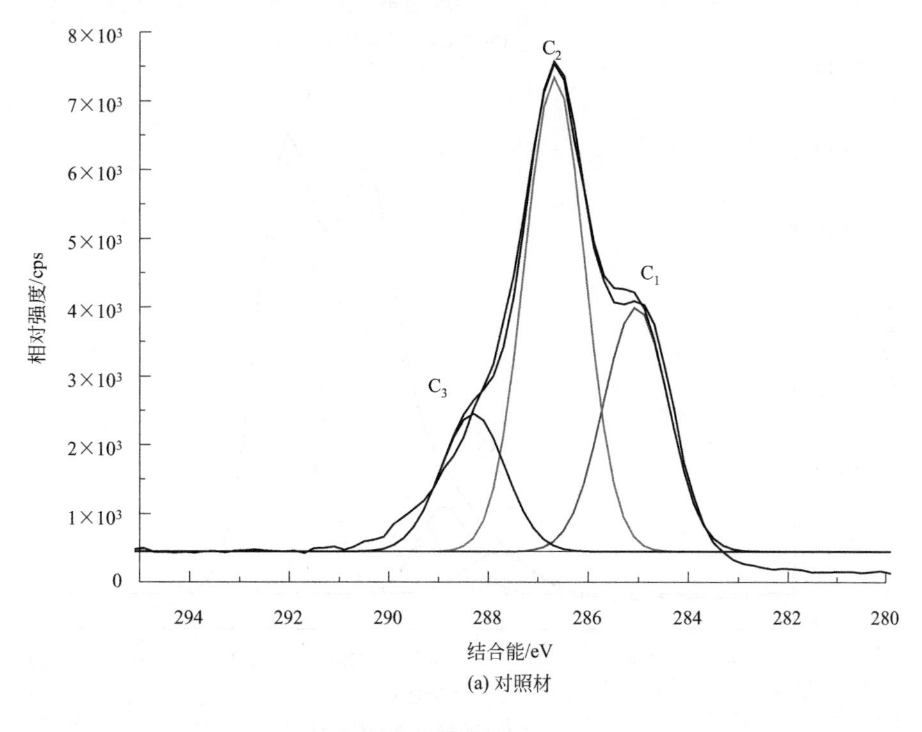

(a) 对照材

图 7-8

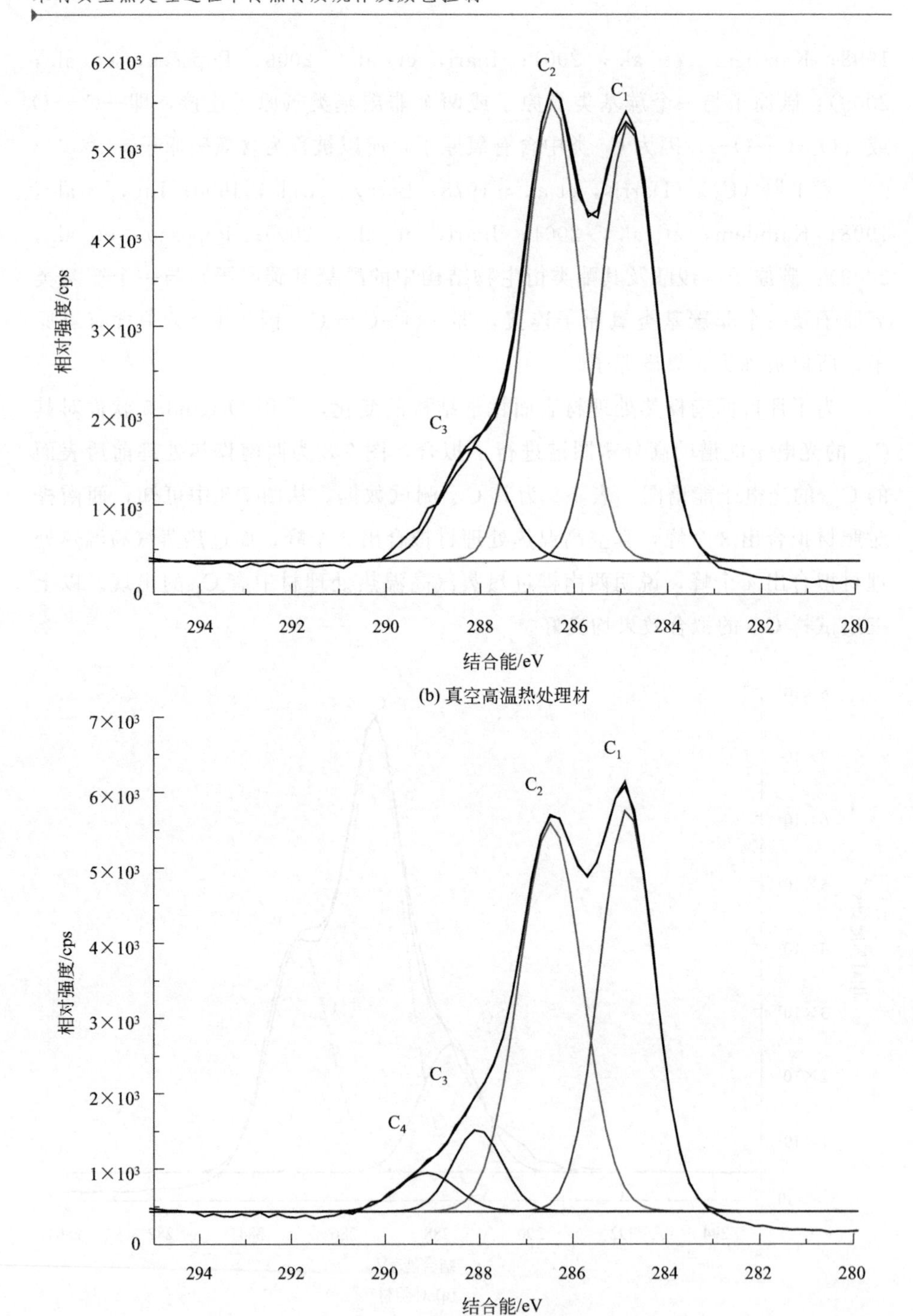

(b) 真空高温热处理材

(c) 过热蒸汽高温热处理材

图 7-8　高温热处理前后西南桦木材表面的 C_{1s} XPS 谱图

表 7-9　木材表面 C_{1s} 测试数据

样品	电子结合能/eV				峰面积/%			
	C_1	C_2	C_3	C_4	C_1	C_2	C_3	C_4
对照材	285.06	286.68	288.30	289.62	29.31	53.23	16.50	0.96
真空热处理材	284.85	286.47	288.14	289.57	42.18	44.99	12.50	0.33
过热蒸汽热处理材	284.85	286.49	288.03	289.11	41.74	46.44	7.56	4.27

从图 7-8、表 7-9 中可以看出，C_1 相对含量明显增加，真空热处理和过热蒸汽热处理后分别从 29.31%增加到 42.18%、41.74%；C_1 相对含量的增加表明 C—C 键的含量升高，也即木质素（非碳水化合物）含量升高，但真空高温热处理后的 C_1 相对含量增加得比过热蒸汽高温热处理后的稍多。C_2 相对含量明显减少，真空热处理和过热蒸汽热处理后分别从 53.23%降低到 44.99%、46.44%；C_2 相对含量的减少表明纤维素和半纤维素相对含量降低，但真空高温热处理后的 C_2 相对含量降低得比过热蒸汽高温热处理后的稍多。C_3 相对含量有明显的减少，真空热处理和过热蒸汽热处理后分别从 16.50%降低到 12.50%、7.56%；C_3 相对含量的减少表明纤维素和半纤维素中缩醛结构减少，但真空高温热处理后的 C_3 相对含量降低得比过热蒸汽高温热处理后的稍少。过热蒸汽高温热处理后有 C_4 的出现，说明在木材表面产生了含氧官能团；过热蒸汽热处理后，C_4 含量从 0.96%增加到 4.27%。

7.3.5.3　木材表面的 O_{1s} 图谱分析

本研究中，O_1 表示的是氧原子以单键形式与碳原子相连（即 C—O）；其结合能较高，在 533.2eV 左右，该位置归属于半纤维素成分（Hua，et al.，1993；Koubaa，et al.，1996）。O_1 与碳原子以以下几种形式结合：C—$\underline{O}$、C—$\underline{O}$—C、$\underline{O}$—C═O，O_1 的降低表明木材表面碳水化合物降低（Hua，et al.，1993；Koubaa，et al.，1996）。

本研究中，O_2 表示氧原子以双键形式与碳原子相连（即 C═O）；其结合能稍低，在 531eV 左右，该位置归属于木质素成分（Hua，et al.，1993；Koubaa，et al.，1996）。O_2 与碳原子以以下几种形式结合：C═$\underline{O}$、O—C═$\underline{O}$，O_2 的增加表明木材表面碳水化合物降低和木质素含量增加（Hua，et al.，1993；Koubaa，et al.，1996）。

图 7-9 为西南桦真空高温热处理前后和过热蒸汽高温热处理前后表面的

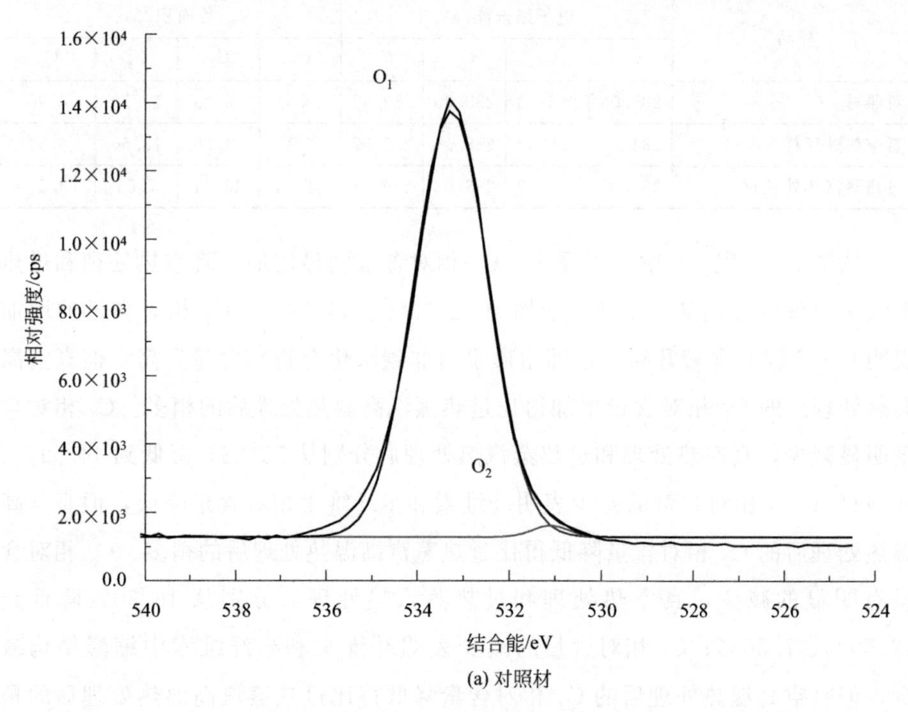

(a) 对照材

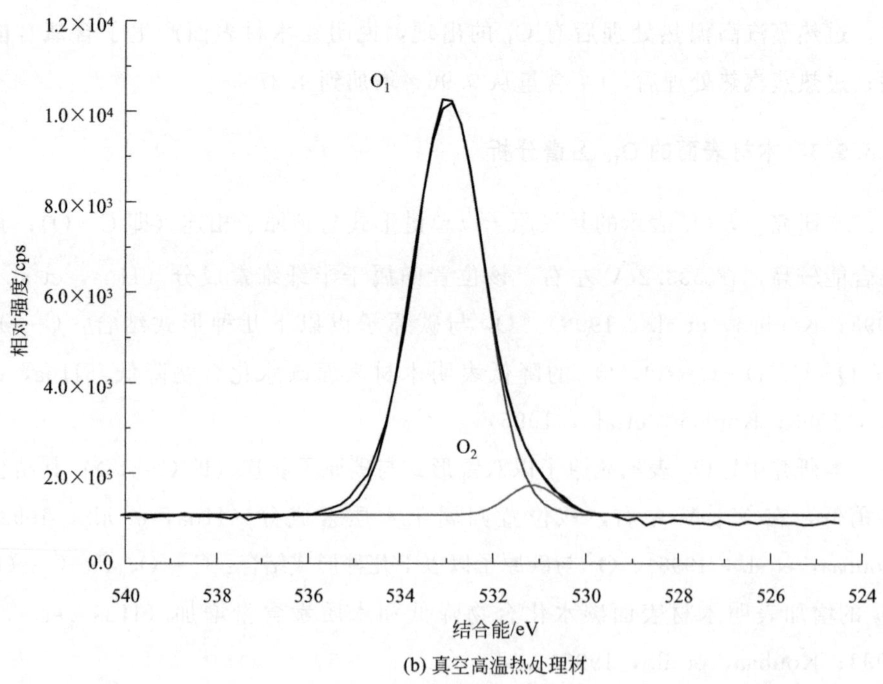

(b) 真空高温热处理材

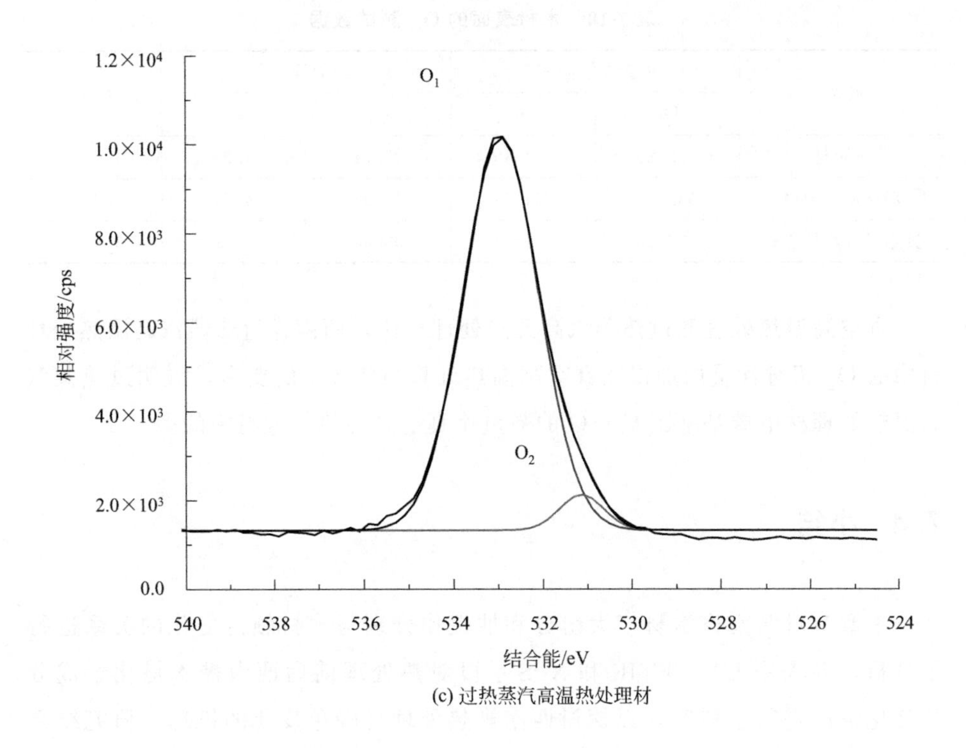

(c) 过热蒸汽高温热处理材

图 7-9　高温热处理前后西南桦木材表面的 O_{1s} XPS 谱图

O_{1s} 的光电子能谱图，表 7-10 为其 O_{1s} 数据。从图 7-9 和表 7-10 中可以看出，西南桦对照材、真空高温热处理材和过热蒸汽高温热处理材中的 O_{1s} 谱均拟合出 2 个峰，且拟合效果良好，说明西南桦对照材、真空高温热处理材和过热蒸汽高温热处理材中均含有 O_1 和 O_2。O_2 的含量少而 O_1 的含量多，说明木材表面氧原子和碳原子的连接方式主要为单键。西南桦真空高温热处理后 O_2 的含量增加，而 O_1 的含量则减少，相对面积的比值（O_2/O_1）是对照材的 4 倍左右。高温热处理后木质素含量的增加即木质素中碳基（C═O）基团数量的增加，从而增加了 O_2 的峰面积，这表明真空高温热处理后木材中碳原子的氧化态增大。过热蒸汽高温热处理后 O_2 的含量增加，而 O_1 的含量减少，是对照材的 5 倍左右，说明木质素中的羰基（C═O）基团数量增加。真空高温热处理和过热蒸汽高温热处理后西南桦木材表面中 O_2 的含量增加而 O_1 的含量减少，这和史蔷（2011）、Hua et al.（1993）、Koubaa et al.（1996）、Kocaefe et al.（2013）的研究结果吻合。

表 7-10 木材表面的 O_{1s} 测试数据

样品	电子结合能/eV		峰面积/%		O_2/O_1
	O_1	O_2	O_1	O_2	
对照材	533.26	531.10	98.71	1.29	1.31%
真空热处理材	532.96	531.14	95.36	4.64	4.87%
过热蒸汽热处理材	532.93	531.14	95.03	4.97	5.23%

真空高温热处理和过热蒸汽高温热处理相比，西南桦过热蒸汽高温热处理材中的 O_2 相对含量增加得比真空高温热处理材中 O_2 的要多，说明过热蒸汽高温热处理材中羰基基团 C=O 的数量比真空高温热处理材中的多。

7.4 小结

本章节对西南桦木材三大组分和抽提物分别与木材颜色变化的关系进行了分析，并采用 UV、FTIR 和 XPS 手段对热处理前后西南桦木材化学成分的变化情况进行了研究，以探讨西南桦热处理材颜色变化的机理。研究结果如下：

① 试验得到的西南桦热处理材 ΔL^*、ΔE^*、ΔC^* 与 ΔHo、ΔCe、ΔHe 和 ΔLi 的二元回归方程的 R^2 均在 0.86 以上，模型中得到的西南桦热处理材 ΔL^*、ΔE^*、ΔC^* 与 ΔHo、ΔCe、ΔHe 和 ΔLi 的回归方程的 R^2 均为 1。

② 试验得到的西南桦热处理材 ΔL^*、ΔE^*、ΔC^* 与 ΔCow、$\Delta Hotw$ 和 ΔBen 的回归方程的 R^2 均在 0.66 以上。

③ 西南桦木材的冷水抽提物和热水抽提物与三氯化铁、浓硫酸、盐酸的沸水浴反应后没有明显的颜色产生，但与明胶反应后有白色的沉淀产生。三氯化铁与苯-醇抽提物反应后均显黑色沉淀，明胶与苯-醇抽提物反应后生成白色沉淀，浓盐酸与苯-醇抽提物反应后产生紫红色沉淀，说明西南桦木材中含有酚、凝缩单宁类、无色花色素和黄酮等物质。

④ UV 分析，西南桦木材的对照组和真空热处理材以及过热蒸汽处理材的醇-水溶液抽提物在 210nm、280nm、400～500nm 处有吸收峰。对照组和真空热处理材以及过热蒸汽处理材在波长 210nm 处的吸收峰均明显，但真空热

处理材以及过热蒸汽处理材的吸收峰均变宽，此处吸收峰变宽表明在热处理过程中有一些有颜色物质形成。真空热处理材以及过热蒸汽处理材在波长 280nm 处的吸收峰均明显变宽，此处吸收峰变宽表明在热处理过程中有诸如糠醛和/或甲基糠醛的芳香结构形成，从而导致木材颜色加深。

⑤ FTIR 分析，$3446cm^{-1}$ 处归属纤维素的羟基（—OH）吸收峰，其吸收峰强度随着热处理温度的升高而明显地减弱。$1736cm^{-1}$ 归属半纤维素的（C═O）伸缩振动的吸收峰，随着处理温度的升高，其强度逐渐减弱，从而使得半纤维素含量下降。$1423cm^{-1}$、$1373cm^{-1}$、$1157cm^{-1}$、$1058cm^{-1}$ 以及 $896cm^{-1}$ 分别归属于纤维素和半纤维素中 CH_2 剪式振动、CH 弯曲振动、C—O—C 伸缩振动、C—O 伸缩振动以及异头碳（C_1）振动的吸收峰，这些吸收峰均有不同程度的减弱，导致纤维素和半纤维素的含量下降。$1592cm^{-1}$、$1506cm^{-1}$ 分别归属于木质素中的苯环碳骨架振动、芳环碳骨架振动，这些吸收峰均有不同程度的增强，表明了木材中木质素相对含量升高。

⑥ XPS 分析，热处理后，西南桦木材的 O/C 含量比与对照组相比都是降低的，说明热处理后木材表面的碳原子相对含量增加，氧原子相对含量减少，即木材表面的含氧官能团减少。其中，真空热处理后木材表面的含氧官能团减少得比过热蒸汽热处理后的要多。

XPS 分析，热处理后西南桦木材表面的 C_{1s} 也发生了变化，木材表面的 C_1 相对含量增加表明 C—C 键的含量升高，也即木质素含量升高，但真空高温热处理后的 C_1 相对含量增加得比过热蒸汽高温热处理后的稍多；C_2 相对含量的减少意味着纤维素和半纤维素中—OH 的减少，即纤维素和半纤维素的相对含量降低，但真空高温热处理后的 C_2 相对含量降低得比过热蒸汽高温热处理后的稍多；C_3 相对含量的减少表明纤维素和半纤维素中缩醛结构减少，但真空高温热处理后的 C_3 相对含量降低得比过热蒸汽高温热处理后的稍少；过热蒸汽高温热处理后有 C_4 出现，C_4 的出现通常归属于羧酸根。

XPS 分析，热处理后西南桦木材表面的 O_{1s} 也发生了变化，木材表面中 O_2 的含量均有一定的增加，而 O_1 的含量均有少量的减少，相对面积的比值 O_2/O_1 增加。其中，西南桦过热蒸汽高温热处理材中的 O_2 相对含量增加得比真空高温热处理材中 O_2 的要多，说明过热蒸汽高温热处理材中羰基（C═O）基团的数量比真空高温热处理材中的多。

第8章
结论与展望

8.1 结论

本书以云南省常见商品材——西南桦木材为研究对象，分析了在真空高温热处理过程中西南桦木材密度、吸着水扩散系数、木材温度和木材含水率随着时间的变化，构建了真空高温热处理过程中西南桦木材传热传质的数学模型，用试验的方法对模型进行了验证；分析了真空高温热处理过程中西南桦木材化学成分的变化规律，获取了真空高温热处理过程中西南桦木材化学成分变化与热处理温度和时间的回归方程；将传热传质数学模型和化学成分变化二元回归方程联合，实现了对热处理木材化学成分变化的控制；分析了真空高温热处理过程中西南桦木材颜色的变化规律，获取了真空高温热处理过程中西南桦木材颜色指标的变化与热处理温度和时间的回归方程；将传热传质数学模型和颜色变化二元回归方程联合，实现了对热处理木材颜色变化的控制；在此基础上，进一步分析了木材颜色变化与各化学成分变化的关系，获取了二者的回归方程，并采用 UV、FTIR 和 XPS 手段揭示了真空高温热处理条件下木材颜色的变化机理。

本书的研究结论如下：

① 构建了真空高温热处理过程中西南桦木材传热传质的数学模型，并将数学模型值和试验值进行了比较，数学模型和试验所计算的木材温度和含水率的吻合性较高；模型值和试验值之间的 R^2 在 0.98 以上，且回归关系均为极显著。本书所构建的数学模型没有考虑自由水的迁移，所以该数学模型仅使用

在初始含水率低于 FSP 以下，在这个范围内数学模型有较高的精度，如果木材的初始含水率高于 FSP，水分迁移方程就不能使用了。

② 分析了热处理温度和时间对西南桦木材化学成分的影响，并建立了真空高温热处理木材综纤维素含量差（ΔHo）、半纤维素含量差（ΔHe）、纤维素含量差（ΔCe）和木质素含量差（ΔLi）等与热处理温度（t）、热处理时间（τ）的二元回归方程。随着处理温度的升高和处理时间的增长，西南桦木材的综纤维素、纤维素、半纤维素含量降低，而木质素含量增加；随着处理温度的升高，西南桦木材的冷水和热水抽提物含量降低，而苯-醇抽提物含量增加。建立的 ΔHo、ΔCe、ΔHe 和 ΔLi 与 t 和 τ 的二元回归方程的 R^2 均高于 0.86，且回归关系均为极显著。

③ 将木材热处理传热传质模型中得到的 t 和 τ 代入到西南桦木材化学成分变化值关于热处理温度（t）和时间（τ）的二元回归方程中，实现了木材化学成分变化的控制，并将模型与试验值的吻合效果进行了对比，木材 ΔHo、ΔCe 、ΔHe 和 ΔLi 与试验值的吻合效果均较好。模型值和试验值之间的 R^2 在 0.97 以上，其中，ΔHo 和 ΔLi 的回归关系均为极显著，ΔCe 和 ΔHe 的回归关系均为显著。

④ 分析了热处理温度和时间对西南桦木材颜色的影响，并建立了真空高温热处理木材 L^* 、ΔL^* 、ΔE^* 和 ΔC^* 等与热处理温度（t）、热处理时间（τ）的二元回归方程。随着处理温度的升高和处理时间的增长，西南桦木材的 L^* 降低，a^* 没有明显的变化规律，而 b^* 呈增加趋势，木材的 ΔL^* 越来越小，总体色差（ΔE^* ）越来越大，ΔC^* 总体呈现出增大趋势，ΔH^* 变化不明显，Ag^* 总体上变化程度不大。建立的西南桦热处理材 L^* 、ΔL^* 、ΔE^*、ΔC^* 分别关于 t 和 τ 的二元回归方程的 R^2 均高于 0.78，且回归关系均为极显著。

⑤ 将木材热处理传热传质模型中得到的 t 和 τ 代入到西南桦木材颜色变化值关于热处理温度（t）和时间（τ）的二元回归方程中，实现了木材颜色变化的控制，并将模型值与试验值的吻合效果进行了对比，木材 ΔL^* 、ΔE^* 和 ΔC^* 与试验值的吻合效果均较好。模型值和试验值之间的 R^2 在 0.93 以上，且回归关系均为极显著。研究表明，用真空高温热处理过程中木材的传热传质模型来指导木材颜色的控制是可行的。

⑥ 根据木材颜色变化和化学成分变化的关系，建立了木材颜色变化指标

和化学成分变化指标的回归方程，试验得到的西南桦热处理材 ΔL^*、ΔE^*、ΔC^* 与 ΔHo、ΔCe 、ΔHe 和 ΔLi 的归方程的 R^2 均在 0.88 以上，且回归关系均为极显著。

⑦ 西南桦木材的冷水抽提物和热水抽提物与三氯化铁、浓硫酸、盐酸的沸水浴反应后没有明显的颜色产生，但与明胶反应后有白色的沉淀产生，说明西南桦木材的冷水抽提物和热水抽提物中不含酚类物质、凝缩单宁类物质、无色花色素和黄酮物质，但含有一定量的水解单宁物质。三氯化铁与苯-醇抽提物反应后均显黑色沉淀，明胶与苯-醇抽提物反应后生成白色沉淀，浓硫酸和浓盐酸与苯-醇抽提物反应后均产生紫红色沉淀，说明西南桦木材的苯-醇抽提物中含有酚类、凝缩单宁类、无色花色素和黄酮等物质。

⑧ UV 分析，真空热处理材以及过热蒸汽处理材在波长 210nm 和 280nm 处的吸收峰相对比对照组均明显变宽，此处吸收峰变宽说明在热处理过程中形成了一些诸如芳香结构的有颜色的物质。

⑨ FTIR 分析，随着热处理温度的升高，纤维素和半纤维素的吸收峰强度均有不同程度的减弱，表明纤维素和半纤维素在化学结构上发生了热解反应，导致其含量降低。木质素中吸收峰有不同程度的增加，表明了木材中木质素相对含量升高，木质素含量的增加意味着有颜色物质的增加。

⑩ XPS 分析，热处理后，西南桦木材的 O/C 降低，说明热处理后木材表面的碳原子相对含量增加，而氧原子相对含量减少，即木材表面的含氧官能团减少。木材表面的 C_1 相对含量增加表明 C—C 键数量升高，也即木质素含量升高，C_2 相对含量的减少意味着纤维素和半纤维素相对含量降低，C_3 相对含量的减少表明纤维素和半纤维素中缩醛结构减少。木材表面中的 O_2/O_1 增加说明氧原子通过双键与碳原子的连接增加，即木质素中的碳基（C═O）基团数量增加。木质素含量的增加意味着有颜色物质的增加。

8.2 创新点

高温热处理木材的颜色变化可控性是目前国内外学者所面临的重点难题，本书就高温热处理木材的颜色变化可控性问题展开了相关研究工作。由于木材颜色的影响程度主要取决于热处理温度和时间，因此要想实现热处理过程中木材颜色的调控，有必要定量研究木材热处理过程中的传热传质行为。通过对高温热处理过程中木材热质迁移行为的研究，实现对木材内部自身温度的分布情况、水分分布情况及其演变的连续控制，并结合“热处理温度-热处理时间-木材颜色相关指标”的回归关系，将传热传质与回归关系两者有机地结合起来即可实现木材颜色的连续控制，解决了高温热处理木材的颜色变化控制难问题。

因此，本书的新颖之处主要有以下几个。

① 对真空高温热处理过程中木材的传热传质数学模型进行了构建；

② 对真空高温热处理过程中木材颜色的变化进行了控制，解决了高温热处理木材的颜色变化控制难问题。

8.3 展望

本书成功地构建了真空高温热处理过程中木材传热传质的数学模型，并将此模型与木材颜色变化指标与热处理温度和时间的二元回归方程有机结合起来，实现了木材颜色的控制，但还存在着不足之处。

① 本书构建了真空高温热处理过程中木材传热传质的三维数学模型，但由于其求解难度较大，因此只计算了一维数学模型的解，建议采用 Matlab 对其三维数学模型进行求解；

② 本书构建了真空高温热处理过程中木材传热传质的三维数学模型，但没有考虑化学成分的变化对模型精度的影响，建议以后将化学成分的变化放入模型中，考虑其对传热传质模型的影响；

③ 在高温热处理过程中，热处理温度和时间对热处理的效果影响较大，所以本文没有分析绝对压力对热处理效果的影响，只把绝对压力设为定值(0.02MPa)，建议以后补充此部分内容。

附 录

附表 1 主要符号表

主要符号表	物理意义及单位
L^*	明度
a^*	红绿轴色品指数
b^*	黄蓝轴色品指数
C^*	色饱和度
ΔL^*	明度差
Δa^*	a^*的变化值
Δb^*	b^*的变化值
ΔC^*	色饱和度差
ΔE^*	总体色差
ΔH^*	色相差
Ag^*	光泽度
T	热力学温度,K
t	摄氏温度,℃
x	试件的长度,m
y	试件的宽度,m
z	试件的厚度,m
c	比热容,J/(kg·K)
u	x方向的空气速度,m/s
v	y方向的空气速度,m/s
w	z方向的空气速度,m/s

续表

主要符号表	物理意义及单位
c_1	含湿量,kg/kg
D	水的扩散系数,m^2/s
$\dot{m}_v$	体积蒸发率,kg/(m^3·s)
W	木材的含水率,%
Φ	木材的空隙率,%
D_{vs}	水蒸气在木材中的质扩散率,m^2/s
p_v	水蒸气分压力,Pa
p_{sv}	饱和水蒸气压力,Pa
φ	相对湿度,%
M_v	水蒸气摩尔质量,等于18.02g/mol
R	摩尔气体常数,等于8.315J/(mol·K)
h_R	辐射换热系数,W/(m^2·K)
h	对流换热系数,W/(m^2·K)
h_m	换质系数,m/s
G_b	相对密度
a	$a=(30-W)/30$
W_e	平衡含水率,%
Le	路易斯数
A	辐射板面积,m^2
F_{ij}	辐射角系数
X	辐射板长度,m
Y	辐射板宽度 ,m
L	木材和辐射板间的距离,m
G	处理一定时间后的质量,g
V	处理一定时间后的体积,m^3
E	无因次水分转移势
$\overline{W}$	木材平均含水率
L	比奥准数
τ'	无因次时间
n	前一时刻
$n+1$	当前一时刻
j	当前一位置

续表

主要符号表	物理意义及单位
$j-1$	前一位置
$j+1$	后一位置
Δz	空间步长
$\Delta \tau$	时间步长

附表 2　希腊字母表

希腊字母	物理意义及单位
τ	时间,s
ρ	木材密度,kg/m^3
λ	热导率,W/(m·k)
γ	汽化潜热,J/kg
ε	辐射板和木材的系统黑度
σ_0	斯蒂芬-波尔兹曼常数,$\sigma_0=5.67\times10^{-8}W/(m^2\cdot K^4)$

附表 3　下标

下标	物理意义
w	含水分木材
d	绝干木材
ls	吸着水
0	初始
R	辐射
s	木材表面
a	空气

参考文献

曹燕燕 . 2010. 高温汽蒸处理对枫桦诱发变色影响的研究 . 北京：北京林业大学 .

曹永建 . 2008. 蒸汽介质热处理木材性质及其强度损失控制原理 . 北京：中国林业科学研究院 .

常建民 . 1994. 木材对流干燥过程热质传递规律及湿迁移特性 . 哈尔滨：东北林业大学 .

陈太安，王昌命，曾金水，等 . 2012，高温热处理对西南桦材色的影响 . 西南林业大学学报，32（1）：79-82.

陈瑶 . 2012. 木材热诱发变色过程中发色体系形成机理 . 北京：北京林业大学 .

成俊卿，杨家驹，刘鹏 . 1992. 中国木材志 . 北京：中国林业出版社 .

杜官本，华毓坤，崔永杰，等 . 1999. 微波等离子体处理木材表面光电子能谱分析 . 林业科学，35（5）：56-66.

杜国兴 . 1991. 木材水分非稳态扩散的研究 . 南京林业大学学报，15（2）：76-81.

段新芳 . 2002. 木材颜色调控技术 . 北京：中国建材工业出版社 .

郭京波 . 2005. 基于谱学方法的竹木质素化学结构分析 . 成都：四川师范大学 .

胡松涛，刘国丹，廉乐明，等 . 2002. 干燥过程中热质传递交叉效应的研究 . 哈尔滨工业大学学报，33（1）：35-39.

江京辉，吕建雄 . 2012. 高温热处理对木材颜色变化影响综述 . 世界林业研究，25（1）：40-43.

江京辉 . 2013. 过热蒸汽处理柞木性质变化规律及机理研究 . 北京：中国林业科学研究院 .

蒋挺大 . 木质素 . 2001. 北京：化学工业出版社 .

李大纲 . 1997. 马尾松木材干燥过程中水分的非稳态扩散 . 南京林业大学学报，21（1）：75-79.

李梁，李贤军，张璧光 . 2009. 非稳态法测定马尾松扩散系数 . 干燥技术与设备，7（1）：79-83.

李文军，李贤军，张璧光 . 2009. 刨花对流干燥过程的数学模拟 . 北京林业大学学报，31（增刊 1）：99-103.

李贤军，孙伟圣，周涛，等 . 2012. 微波处理中木材内温度分布的数学模拟 . 林业科学，48（3）：117-121.

李贤军，张璧光，李文军，等 . 2008. 木材微波真空干燥过程的数学模拟 . 北京林业大学学报，30（2）：124-128.

李贤军，张璧光，李文军，等 . 2006. 微波真空干燥过程中木材内部的温度分布 . 北京林业大学学报，28（6）：128-131.

李延军，张璧光，李贤军，等 . 2005. 杉木木束干燥过程中水分的非稳态扩散 . 北京林业大学学报，27（增刊）：61-63.

李延军，张璧光，张齐生，等 . 2008. 木束高温干燥过程中的热质传递模型 . 浙江林学院学报，25（2）：131-136.

刘星雨 . 2010. 高温热处理木材的性能及分类方法探索 . 北京：中国林业科学研究院 .

刘一星 . 2006. 木质资源材料学 . 北京：中国林业出版社 .

刘元，聂长明 . 1995. 木材光变色及其防治办法 . 木材工业，9（4）：34-37.

苗平 . 2000. 马尾松木材高温干燥的水分迁移和热量传递 . 南京：南京林业大学 .

聂梅凤 . 2011. 人工林西南桦木材材性及其变异规律研究 . 昆明：西南林业大学 .

尚德库，艾沐野，姜日顺 . 1992. 木材干燥导水系数和换水系数的研究 . 林业科学，28（5）：476-479.

史蔷 . 2011. 热处理对圆盘豆木材性能影响及其机理研究 . 北京：中国林业科学研究院 .

王晓峰 . 2008. 刺槐热诱导变色机理的研究 . 北京：北京林业大学 .

王雪花 . 2012. 粗皮按木材真空热处理热效应及材性作用机制研究 . 北京：中国林业科学研究院 .

邱坚，杨燕，罗蓓，等 . 2016. 生物质材料学实验实习指导 . 昆明：云南教育出版社 .

谢拥群 . 2003. 木材碎料对流干燥特性的研究 . 北京：北京林业大学 .

徐忠勇 . 2013. 木材致变色及热改性材光变色特性研究 . 昆明：西南林业大学 .

俞昌铭 . 2011. 多孔材料传热传质及其数值分析 . 北京：清华大学出版社 .

GB/T 2677.10—1995 造纸原料综纤维素含量的测定

GB/T 2677.4—93 造纸原料水抽出物含量的测定

GB/T 2677.6—94 造纸原料有机溶剂抽出物含量的测定

GB/T 2677.8—94 造纸原料酸不溶木素含量的测定

Akgül M, Korkut S. 2012. The effect of heat treatment on some chemical properties and colour in scots pine and uludağ fir wood. International Journal of Physical Sciences, 7 (21): 2854-2859.

Aksoy A, Deveci M, Baysal E, et al. 2011. Colour and gloss changes of Scots pine after heat modification. Wood Research, 56 (3): 329-336.

Alén R, Oesch P, Kuoppala E. 1995. Py-GC/AED studies on thermochemical behavior of softwood. Journal of Analytical and Applied Pyrolysis, 35 (2): 259-265.

Allegretti O, Brunetti M, Cuccui I, et al. 2012. Thermo-vacuum modification of spruce (*Picea Abies* Karst.) And fir (*Abies Alba* Mill.) wood. BioResources, 7 (3): 3656-3669.

Barry A O, Zoran Z. 1990. Surface analysis by ESCA of sulfite post-treated CTMP. Journal of Applied Polymer Science, 39 (1): 31-42.

Bekhta P, Niemz P. 2003. Effect of high temperature on the change in color, dimensional stability and mechanical properties of spruce wood. Holzforschung, 57 (5): 539-546.

Boonstra M J, Tjeerdsma B F, Groeneveld H A C. 1998. Thermal modification of nondurable wood species. 1. The plato technology: thermal modification of wood. International Research Group on Wood Preservation, Document no. IRG/WP 98-40123.

Boonstra M J, Tjeerdsma B. 2006. Chemical analysis of heat treated softwoods. Holzforschung, 64: 204-211.

Bourgois P J, Janin G, Guyonnet R. 1991. La mesure de couleur Une methode d'etude et d'optimisation des transformations chimiques du bois thermolyse. Holzforschung, 45: 377-382.

Brischke C, Welzbacher C R, Brandt K, et al. 2007. Quality control of thermally modified timber: interrelationship between heat treatment intensities and CIE $L^*a^*b^*$ color data on homogenized wood samples. Holzforschung, 61 (1): 19-22.

Brito J O, Silva F G, Leão M M, et al. 2008. Chemical composition changes in eucalyptus and pinus woods submitted to heat treatment. Bioresource Technology, 99 (18): 8545-8548.

Brosse N, Roland E H, Mounir C, et al. 2010. Investigation of the chemical modifications of beech Wood lignin during heat treatment. Polymer Degradation and Stability, 95 (9): 1721-1726.

Browne F L. 1958. Theories of the combustion of wood and its control: A survey of the literature. Rept. No. 2136, Forest Products Laboratory, Forest Service, U. S. Department of Agriculture. 44.

Charrier, B, Haluk, J P, Metche 1995. M. Characterization of european oakwood constituents acting in the brown discolouration during kiln drying. Holzforschung, 49 (2): 168-172.

Collignan A, Nadeau J P. 1993. Description and analysis of timber drying kinetics. Drying Technology, 11 (3): 489-506.

Da Silva M R, Brito J O, Govone J S, et al. 2015. Chemical and mechanical properties changes in corymbia citriodora wood submitted to heat treatment. International Journal of Materials Engineering, 5 (4): 98-104.

Dorris G M, Gray D G. 1978. The surface analysis of paper and wood fibres by ESCA. II. Surface composition of mechanical pulps. Cellulose Chemistry and Technology, 12: 721-734.

Dubey M K. 2010. Improvements in stability, durability and mechanical properties of radiata pine wood after heat-treatment in a vegetable oil. Doctoral Thesis of University of Canterbury.

Esteves B, Marques A V, Domingos I, et al. 2007. Influence of steam heating on the properties of pine (*Pinus pinaster*) and eucalypt (*Eucalyptus globulus*) wood. Wood Science and Technology, 41 (3): 193-207.

Esteves B, Graça J, Pereira H. 2008b. Extractive composition and summative chemical analysis of thermally treated eucalypt wood. Holzforschung, 62 (3): 344-351.

Esteves B, Marques A V, Domingos I, et al. 2008a. Heat-induced colour changes of pine (*Pinus Pinaster*) and eucalypt (*Eucalyptus Globulus*) Wood. Wood Science and Technology, 42 (5): 369-384.

Esteves B, Videira R, Pereira H. 2011. Chemistry and ecotoxicity of heat-treated pine wood extractives. Wood Science and Technology, 45 (4): 661-676.

Faix O. 1992. Fourier transform infrared spectroscopy. In: Lin SY, Dence CW (eds) Methods in lignin chemistry. Springer, Berlin, 83-109.

Faix O. 1992. Fourier transform infrared spectroscopy. In: Lin SY, Dence CW (eds) Methods in lignin chemistry. Springer, Berlin, 83-109.

Fan Y M, Gao J M, Chen Y. 2010. Colour responses of black locust (*Robinia Pseudoacacia* L.) to solvent extraction and heat treatment. Wood Science and Technology, 44 (4): 667-678.

Fukazawa K. 1992. Ultraviolet microscopy. In: Lin SY, Dence CW (eds) Methods in lignin chemistry. Springer Berlin, 500-578.

Gérardin P, Petrič M, Petrissans M, et al. 2007. Evolution of wood surface free energy after heat treatment. Polymer Degradation and Stability, 92 (4): 653-657.

Glass S V, Zelinka S L. 2010. Moisture relations and physical properties of wood. In Wood Handbook, wood as an engineering material. USDA Forest Service, Forest Products Laboratory: Madison, Wisconsin, 80-98.

Goldschmid O. 1971. Ultraviolet spectra. In: Sarkanen KV, Ludwig CH (eds) Lignins. Occurrence, formation, structure and reactions. Wiley Interscience, New York London Sidney Toronto.

Hakkou M, Petrissans M, Gerardin P, et al. 2006. Investigations of the reasons for fungal durability of heat-treated beech wood. Polymer Degradation and Stability, 91 (2): 393-397.

Hon D N S. 1991. Photochemistry of wood. In: Hon, Shiraishi (eds) Wood and cellulosic chemistry. Marcel Dekker Inc, New York Basel, 525-555.

Hua X, Kaliaguine S, Kokta B V, et al. 1993. Surface analysis of explosion pulps by ESCA. Wood Science and Technology, 28 (1): 1-8.

Inari G N, Pétrissans M, Dumarcay S, et al. 2011. Limitation of XPS for analysis of wood species containing high amounts of lipophilic extractives. Wood Science and Technology, 45 (2): 369-382.

Inari G N, Petrissans M, Gerardin P. 2007. Chemical reactivity of heat-treated wood. Wood Science and Technology, 41 (2): 157-168.

Inari G N, Petrissans M, Lambert J, et al. 2006. XPS characterization of wood chemical composition after heat-treatment. Surface and Interface Analysis, 38 (10): 1336-1342.

Incropera F P, De Witt D P, Bergman T L, et al. 2011. Fundamentals of heat and mass transfer. Wiley-Blackwell Publishing: Oxford, 1-1072.

Johansson D, Morén T. 2006. The potential of colour measurement for strength prediction of thermally Treated Wood. Holz als Roh- und Werkstoff, 64 (2): 104-110.

Kamdem D P, Pizza A, Guyonnet R, et al. 1999. Durability of heat-treated wood. IRG WP: International Research Group on Wood Preservation 30. Rosenheim, German, 3, June, 1-15.

Kamdem D P, Pizzi A, 2002. Jermannaud A. Durability of heat-treated wood. Holz als Roh-and Werkstoff, 60 (1): 1-6.

Kamdem D P, Zhang J, Adnot A. 2001. Identification of cupric and cuprous copper in copper naph-thenate-treated wood by X-ray photoelectron spectroscopy. Holzforschung, 55 (1): 16-20.

Kamperidou V, Barboutis I, Vasileiou V. 2013. Response of colour and hygroscopic properties of Scots pine wood to thermal treatment. Journal of Forestry Research, 24 (3): 571-575.

Kocaefe D, Huang X A, Kocaefe Y, et al. 2013. Quantitative characterization of chemical degradation of heat-treated wood surfaces during artificial weathering using XPS. Surface and Interface Analysis, 45 (2): 639-649.

Kocaefe D, Younsi R, Chaudry B, et al. 2006a. Modeling of heat and mass transfer during high temperature treatment of aspen. Wood Science and Technology, 40 (5): 371-391.

Kocaefe D, Younsi R, Poncsak S, et al. 2007b. Comparison of different models for the high-temperature heat-treatment of wood. International Journal of Thermal Sciences, 46 (7): 707-716.

Koubaa A, Riedl B, Koran Z. 1996. Surface analysis of press dried-CTMP paper samples by electron spectroscopy for chemical analysis. Journal of Applied Polymer Science, 61 (3): 545-552.

Liu F P P, Rials T G, 1998. Simonsen J. Relationship of wood surface energy to surface composition. Langmuir, 14 (2): 536-541.

Liu J Y. 1989. A new method for separating diffusion coefficient and surface emission coefficient. Wood and Fiber Science, 21 (2): 133-141.

Luostarinen K, Mottonen V. 2004. Effects of log storage and drying on birch (*Betula pendula*) wood proanthocyanidin concentration and discoloration. Journal of Wood Science, 50 (2): 151-156.

Luostarinen K. 2006. Relationship of selected cell characteristics and colour of silver birch wood after two different drying processes. Wood Material Science and Engineering, 1 (1): 21-28.

Marcos M, González-Peña, Hale M D C. 2009a. Colour in thermally modified wood of beech, norway spruce and scots pine. Part 1: Colour evolution and colour changes. Holzforschung, 63 (4): 385-393.

Marcos M, González-Peña, Hale M D C. 2009b. Colour in thermally modified wood of beech, norway spruce and scots pine. Part 2: Property predictions from colour changes. Holzforschung, 63 (4): 394-401.

Mburu F, Dumarcay S, Bocquet J F, et al. 2008. Effect of chemical modifications caused by heat treatment on mechanical properties of Grevillea robusta wood. Polymer Degradation and Stability, 93 (2): 401-405.

Militz H. 2002. Heat Treatment Technologies in Europe: Scientific background and technological state-of-art. Institute for wood biology and wood technology, University Göttingen, Büsgenweg, Germany, 1-19.

Mohareb A, Sirmah P, 2012. Pétrissans M, et al. Effect of heat treatment intensity on wood chemical composition and decay durability of Pinus patula. European Journal of Wood and Wood Products, 70 (4): 519-524.

Mounji H, Kouali M E L. 1991. Modeling of the drying process of wood in 3-dimensions. Drying Technology, 9 (5): 1259-1314.

Nuopponen M, Vuorinen T, Jamsa S, et al. 2003. The effects of a heat treatment on the behaviour of extractives in softwood studied by FTIR spectroscopic methods. Wood Science and Technology, 37 (2): 109-115.

Nuopponen M, Vuorinen T, Jamsä S, et al. 2004. Thermal modifications in softwood studied by FT-IR and UV resonance Raman spectroscopies. Journal of Wood Chemistry and Technology, 24 (1): 13-26.

Okamura K. 2001. Structure of cellulose. In: Hon DNS, Shiraishi N (eds) Wood and cellulosic chemistry. Marcel Dekker Inc, New York Basel, 83-108.

Persson M S, Johansson D, 2006. Morén T. Effect of heat treatment on the microstructure of pine spruce and birch and the influence on capillary absorption. In: Proceedings of the 5th IUFRO Symposium "Wood Structure and Properties '06", Slovakia, Zvolen.

Persson M S. 2003. Colour responses to heat treatment of extractives and sap from pine and spruce. In: 8th International IUFRO wood drying conference, Brasov.

Poncsák S, Kocaefe D, Bouazara M, et al. 2006. Effect of high temperature treatment on the mechanical properties of birch (*Betula papyrifera*). Wood Science and Technology, 40 (8): 647-663.

Popescu C M, Tibirna C M, Vasile C. 2009. XPS characterization of naturally aged wood. Applied Surface Science, 256 (5): 1355-1360.

Ruyter H P. 1989. European patent Appl. No. 89-203170. 9.

Sahin H T, Arslan M B, Korkut S, et al. 2011. Colour changes of heat-treated woods of red-bud maple, European Hophornbeam and Oak. Color Research & Application, 36 (6): 462-466.

Sakakibara A. 2001. Chemistry of lignin. In: Hon DNS, Shiraishi N (eds) wood and cellulosic chemistry. Marcel Dekker Inc, New York Basel, 109-173.

Siau J F. 1984. Transport processes in wood. New York: Springer-Verlag, 1-255.

Sivonen H, Maunu S L, Sundholm F, et al. 2002. Magnetic resonance studies of thermally modified wood. Holzforschung, 56 (6): 648-654.

Srinivas K, Pandey K K. 2012. Effect of heat treatment on color changes, dimensional stability, and mechanical properties of wood. Journal of Wood Chemistry and Technology, 32 (4): 304-316.

Stanish M A, Schajer G S, Kayihan F. 1986. A mathematical model of drying for hygroscopic porous media. AIChE J, 32 (8): 1301-1311.

Sundqvist B. 2004. Colour changes and acid formation in wood during heating. Doctoral Thesis of Lulea University of Technology.

Sundqvist T M. 2002. The influence of wood polymers and extractives on wood colour induced by hydrothermal treatment. Holz als Rohwerkstoff, 60 (5): 375-376.

Tjeerdsma B F, Boonstra M, Pizzi A, et al. 1998. Characterisation of thermally modified wood: molecular reasons for wood performance improvement. Holz Roh. Werkst., 56 (3): 149-153.

Tjeerdsma B, Militz H. 2005. Chemical changes in hydrothermal treated wood: FTIR analysis of combined hydrothermal and dry heat-treated wood. Holz als Roh- und Werkst, 63 (2): 102-111.

Ucar G, Meier D, Faix O, et al. 2005. Analytical pyrolysis and FTIR spectroscopy of fossil Sequoiadendron giganteum (Lindl.) wood and MWLs isolated hereof. Holz Roh-Werkst, 63 (1): 57-63.

Weiland J J, Guyonnet R. 2003. Study of chemical modifications and fungi degradation of thermally modified wood using DRIFT spectroscopy. Holz als Roh-und Werkstoff, 61 (3): 216-220.

Wienhaus O. 1999. Modifizierung des Holzes durch eine milde Pyrolyse abgeleitet aus den allgemeinen Prinzipien der Thermolyse des Holzes. Wiss. Z. Tech. Univ. Dresden, 48 (1): 17-22.

Windeisen E, Strobel C, Wegener G. 2007. Chemical changes during the production of thermo-treated beech wood. Wood Science and Technology, 41 (6) : 523-536.

Yang Y, Zhan T Y, Lu J X, et al. 2015. Influences of thermo-vacuum treatment on colors and chemical compositions of alder birch wood. Bioresources, 10 (4) : 7936-7945.

Yildiz S, Gezer E D, Yildiz U C. 2006. Mechanical and chemical behavior of spruce wood modified by heat. Build. Environ. , 41 (12) : 1762-1766.

Yildiz S, Gezer E D, Yildiz U C. 2006. Mechanical and chemical behavior of spruce wood modified by heat. Building and Environment, 41 (12) : 1762-1766.

Yildiz U C, Yildiz S, Gezer E D. 2005. Mechanical and chemical behavior of beech wood modified by heat. Wood and Fiber Science, 37 (3) : 456-461.

Younsi R, Kocaefe D, Poncsak S, et al. 2008b. Numerical and experimental validation of the transient heat and mass transfer during heat treatment of Pinewood. International Journal of Modelling and Simulation, 28 (2) : 117-123.

Younsi R, Kocaefe D, Poncsak S, et al. 2006e. Transient multiphase model for the high-temperature thermal treatment of wood. AICHE Journal, 52 (7) : 2340-2349.

Younsi R, Kocaefe D, Kocaefe Y. 2006d. Three-dimensional simulation of heat and moisture transfer in wood. Applied Thermal Engineering, 26 (11) : 1274-1285.

Younsi R, Kocaefe D, Poncsak S, et al. 2006b. A Diffusion-based Model for Transient High Temperature Treatment of Wood. Journal of Buildign Physics, 30 (2) : 113-135.

Younsi R, Kocaefe D, Poncsak S, et al. 2010a. A high-temperature thermal treatment of wood using a multiscale computational model: Application to wood poles. Bioresource Technology, 101 (12) : 4630-4638.

Younsi R, Kocaefe D, Poncsak S, et al. 2008a. CFD modeling and experimental validation of heat and mass transfer in wood poles subjected to high temperatures: a conjugate approach. Heat and Mass Transfer, 44 (12) : 1497-1509.

Younsi R, Kocaefe D, Poncsak S, et al. 2007a. Computational modelling of heat and mass transfer during the high-temperature heat treatment of wood. Applied Thermal Engineering, 27 (8-9) : 1424-1431.

Younsi R, Kocaefe D, Poncsak S, et al. 2006c. Thermal modelling of the high temperature treatment of wood based on Luikov's approach. International Journal of Energy Research, 30 (9) : 699-711.

Younsi R, Poncsak S, Kocaefe D. 2010b. Experimental and numerical investigation of heat and mass transfer during high-temperature thermal treatment of wood. Drying Technology, 28 (10) : 1148-1156.

Zhang D S, Mujundar A S. 1992. Deformation analysis of porous capillary boodles during intermittent volumetric thermal drying. Drying Technology, 10 (2) : 421-443.